中國滋味
西式厨艺烹川菜

卢一 何江红 等 著

A Taste of China
Western-Style Chinese Cuisine

Written by　Lu Yi　He Jianghong

Saveurs chinoises
Plats sichuannais fusionnant avec la cuisine occidentale

Auteurs: Lu Yi　He Jianghong

四川科学技术出版社

Sichuan Publishing House of Science & Technology

Editeur scientifique et technologique du Sichuan

图书在版编目(CIP)数据

中国滋味：西式厨艺烹川菜（汉英法对照）/卢一，
何江红等著. — 成都：四川科学技术出版社，2014.11
（2022.8 重印）

ISBN 978-7-5364-7993-7

Ⅰ.①中… Ⅱ.①卢… ②何… Ⅲ.①川菜—菜谱—
汉、英、法 Ⅳ.①TS972.182.71

中国版本图书馆CIP数据核字（2014）第256006号

责任编辑 / 程蓉伟　张　琪
装帧设计 / 程蓉伟
封面设计 / 韩建勇
责任出版 / 欧晓春
电脑制作 / 成都华林美术设计有限公司

特别鸣谢：书中人物场景图片由成都大蓉和餐饮管理有限公司友情提供

A Taste of China *Western-Style Chinese Cuisine*
Saveurs chinoises *Plats sichuannais fusionnant avec la cuisine occidentale*

中国滋味 西式厨艺烹川菜

卢一　何江红　等　著

出 品 人	程佳月
出版发行	四川科学技术出版社
地　　址	成都市锦江区三色路238号
邮　　编	610023
成品尺寸	210mm×285mm
印　　张	16.5
印　　刷	成都市金雅迪彩色印刷有限公司
版　　次	2015年1月第1版
印　　次	2022年8月第2次印刷
书　　号	ISBN 978-7-5364-7993-7
定　　价	238.00元

《中国滋味》编辑委员会

Group Members of *A Taste of China*

Membres du group de rédaction « Saveurs chinoises »

编写人员（按姓氏笔画为序）

卢 一　李 晓　何江红　罗 文　黄文刚　潘 涛

Assistant Editors

Lu Yi, Li Xiao, He Jianghong, Luo Wen, Huang Wengang, Pan Tao

Personnel de rédaction de la version chinoise

Lu Yi, Li Xiao, He Jianghong, Luo Wen, Huang Wengang, Pan Tao

菜品摄影

李 凯

Photography by：Li Kai

Photographie par：Li Kai

翻 译

李潇潇（英文）　申朝熙（法文）

Translation by

Li Xiaoxiao (English)

Shen Chaoxi (French)

Traduction par

Li Xiaoxiao (anglais), Shen Chaoxi (français)

审 译

成蜀良（英文）　张 媛（英文）　李 晓（法文）

Translation Reviewed by

Shirley Cheng (English), Zhang Yuan (English), Li Xiao (French)

Révision et rectification par

Shirley Cheng (anglais), Zhang yuan (anglais), Li xiao (français)

参编单位

四川旅游学院

Contributing School：Sichuan Tourism University

Institution de contribution：Université du tourisme du Sichuan

川菜，大胆的走出去

在我国成为全球第二大经济体后，许多人都希望中餐特别是川菜大步走向世界。但现实并不尽如人意，放眼欧美等主要市场，中餐的市场份额远低于墨西哥菜、意大利菜、日本菜，甚至不及印度菜和泰国菜；而在中餐中，川菜在国外市场份额远低于粤菜，人们不禁要问：为什么？

我认为：

一．中餐包括川菜没有烹饪标准。欧美等发达国家对餐饮要求有标准，以便监管。同时，在国外开中餐馆的人相当多的情况都是迫于生活的压力而由业外人士操办，并非专业厨师烹饪制作，有时仅有川菜之名而无川菜之实，例如，1994年我曾在国外吃过从冰箱内端出加白糖凉拌的"麻婆豆腐"。有鉴于此，我们制定了《中国川菜工艺规范》《中国川点工艺规范》《中国经典川菜工艺规范》，共由十三个标准构成的川菜标准体系正在形成，进而建立中餐标准体系。

二．国际化中餐职业经理人严重缺乏。许多欲往国外投资中餐的人，由于难找既懂中餐，又熟悉国外法规、语言且训练有素的职业经理人，投资易造成水土不服而不能良性发展。因此，我校从2005年开始实施国际化战略，把学生送到美国加勒比海邮轮、地中海邮轮，以及法国、新加坡的酒店实习，着力培养国际化中餐职业经理人。

三．中餐与西餐的饮食习惯存在较大差异。我们发现国外的西餐厅、家庭厨房，若要做川菜等中餐，他们在食材、炊具、餐具等方面有很大困难，如他们没有中餐的炒锅，不用筷子用刀叉，进食丝、丁就很困难。为此，我们用西餐食材、炊具、餐具制作和食用川菜，以让西餐厅和家庭厨房能自如做川菜，并用刀叉食用，这样才能推广开来，本书的川菜全是在西餐厨房制作。如用传统回锅肉的精髓创新出成都烤肉；将做回锅肉的猪肉选材从二刀腿子肉变为西方超市能购到的五花肉；将刀工切片改为切成厚块，一块就是一道菜；将在锅中炒变为拌上郫县豆瓣在烤箱中烤，装盘时用上其它食材，这样做出的成都烤肉比传统回锅肉更香更滋润，仍然是家常味，但便于用刀叉食用。

我的中国梦是让川菜飘香全球，让每年有数十万吨郫县豆瓣进入国外市场。川菜必将大胆地走出去，是为序。

卢 一

2014年元月五日于成都廊桥南岸小鲜书屋

Sichuan Cuisine,
Go for It!

As China has become the 2nd largest economy, many people expect Chinese cuisine, especially Sichuan cuisine, to step on the world stage. However, the reality is far from satisfactory. Across Europe and the United States, the market share of Chinese cuisine is much lower than that of Mexican, Italian, Japanese, and even Indian and Thai cuisine. As for Sichuan cuisine, its market share is far lower than that of Cantonese cuisine in foreign countries. Why?

My first concern is that there is a lack of standards for Chinese cuisine. It is common to have food regulations in the developed countries like the USA. In contrast, most people who run Chinese restaurants overseas do not receive professional training as chefs. In 1994, I ate cold sugar tofu served as "Mapo Tofu" in one of those restaurants. Although, the dish carried the same name of Sichuan cuisine, it was not the same as in China. Because of this, Chinese professional chefs are establishing the Sichuan cuisine standard consisting of 13 criteria, including *Standards for Sichuan Cuisine*, *Standards for Sichuan Pastry* and *Culinary Standards for Classical Sichuan Dishes*. We wish to build the criterion for Chinese cuisine based on this.

Secondly, there is a lack of professional managers for Chinese cuisine in the international market. Many people who desire to invest in Chinese restaurants don't achieve a sound progress because they fail to find a professional manager who is familiar with both Chinese cuisine and foreign languages and laws. Therefore, our school has carried out the strategy of internationalization to train international professional managers since 2005 with internship programs on American Caribbean Cruises and Mediterranean Cruises, in French and Singaporean hotels.

Thirdly, there is a big diet difference between Chinese and Western cuisine. I notice foreigners find it difficult to get Chinese ingredients and kitchen utensils and equipment abroad. We use chopsticks whereas foreigners use forks and knives. Can you image one eating diced or slivered food with forks and knives? Because of this, we wrote this book to adapt Sichuan cuisine to foreign cooking styles. All the ingredients in this book can be found in your local grocery stores. All the dishes in this book you can make in your kitchen and eat with forks and knives. For instance, to fix the Chengdu Roasted Meat, which is like Twice-Cooked Pork, we have pork belly pieces substituted for pork round slices with skin on, and we roast it with Pixian Chili Bean Paste without stir-frying in a wok. Thus, this dish is more delicious and easily eaten with forks and knives.

My Chinese dream is that everyone in the world can enjoy Sichuan cuisine, and that we can buy Pixian Chili Bean Paste in every corner of the world. This book on Sichuan cuisine is one step toward the world stage. That's what I want to say as foreword.

Lu Yi

Jan. 5th, 2014

Written in the Xiaoxian Book Store on the south bank of Langqiao Bridge in Chengdu.

Cuisine du Sichuan, allez-y

Après que la Chine est devenue la deuxième plus grande économie du monde, beaucoup de gens espèrent que la cuisine chinoise, surtout la cuisine du Sichuan peut faire des pas vers la scène mondiale. Cependant, la réalité est loin d'être satisfaisante. En regardant le marché européen et américain, la part de marché dominée par la cuisine chinoise est beaucoup plus faible que celle de la Mexique, l'Italie, du Japon, voire celle de la Thaïlande et l'Inde. Quant à la cuisine du Sichuan, sa part de marché est beaucoup plus faible que la cuisine cantonaise dans les pays étrangers, on se demande, pourquoi ?

D'après moi, premièrement, les standards des alimentations stipulés dans les pays développés pour faciliter la surveillance et le management, comme aux Etats-Unis et aux pays européens, n'existent pas en Chine. En même temps, la plupart des gens qui tiennent les restaurants chinois à l'étranger n'ont pas de chefs professionnels car ce n'est qu'une besogne alimentaire. Par exemple, en 1994, j'avais mangé le « Mapo Tofu » dans un pays étranger, fait d'une salade prise du réfrigérateur et touillée avec du sucre, ce genre de plat parfois ne possède que le nom du plat sichuannais mais ne tient pas son essentiel. A cet effet, les chefs professionnels chinois établissent les normes de la cuisine du Sichuan composé de 13 critères, à savoir la norme de cuisine sichuannaise, la norme de pâtisserie sichuannaise et la norme de la cuisine sichuannaise classique. Ce système standard de la cuisine du Sichuan est en train d'être formé qui servira aussi à l'établissement du système de standard pour la cuisine chinoise.

Deuxièmement, il manque des managers professionnels internationaux de la cuisine chinoise. Beaucoup de gens qui désirent investir restaurants chinois à l'étranger ne sont pas en mesure de réaliser un bon développement puisqu'ils ne parviennent pas à trouver un gérant professionnel dans le domaine de la cuisine chinoise et aussi bien encadré au niveau de la connaissance des normes étrangères et de la langue étrangère. De cette raison, à partir de 2005, notre université a entamé la mise en œuvre de la stratégie d'internationalisation permettant nos étudiants à suivre des stages dans les croisières Caraïbes des États-Unis et les croisières

Méditerranéennes ainsi que dans les hôtels de France et Singapour. On s'efforce de former les gérants professionnels et internalisants internationaux dans le domaine de la cuisine chinoise.

Troisièmement, au niveau des habitudes de la régime, il existe des grandes différences entre les chinois et les occidentaux. Nous avons constaté que c'est difficile de préparer les ingrédients, les ustensiles de cuisine et les équipements chinois si les restaurants étrangers ou les familles étrangères veulent faire de la cuisine chinoise. Nous utilisons des baguettes tandis que les étrangers utilisent des fourchettes et des couteaux. S'ils n'ont pas de wok puis mangent des aliments en juliennes ou en petits cubes avec des fourchettes et des couteaux, ça serait très dur pour eux. De ce fait, nous avons écrit ce livre pour adapter la cuisine du Sichuan aux styles de cuisine étrangère et afin de promouvoir la cuisine sichuannaise. Par exemple, le plat « Porc rôti de Chengdu », provenu de la création du plat « Porc cuit deux fois », est fait avec la poitrine de porc avec la couenne, qui peut être facilement trouvé aux supermarchés étrangers pour remplacer le rumsteck de porc. La viande est coupée en morceaux au lieu d'en tranches fines et mise au four avec la pâte aux fèves et aux piments de Pixian au lieu de les faire sauter. Alors ce plat est encore plus délicieux et facilement à manger avec des fourchettes et des couteaux.

Mon rêve est que la cuisine du Sichuan parfume le monde entier et que des milliers de tonnes de pâte aux fèves et aux piments de Pixian peuvent être chaque année exportés sur les marchés étrangers. La cuisine du Sichuan sera vouée de mettre ses pas vers le monde. C'est ce que je veux dire comme l'avant-propos.

LU Yi
Le 05 janvier 2014,
dans la librairie Xiaoxian sur la rive du sud pont Lang Qiao

目录

CONTENTS
Table des matières

走进厨房
Walking into the Kitchen
Entrer dans la cuisine

陈皮鸡块

陈皮鸡块是一道采用热制冷吃的方法加工而成的传统川式凉菜。成菜肉质干香、软中带酥、麻辣不燥、回味略甜，具有清香的陈皮风味，尤其适合餐前开胃及佐酒。此菜可与干红葡萄酒或中国白酒搭配，也可以和淋味春卷、鸡汁煎饺等小吃配搭食用。

制作方法

1. 将鸡腿切成约5厘米见方的块，加食盐、料酒、生姜块、大葱段拌匀，腌制30分钟。
2. 干辣椒切成约2厘米长的段；陈皮用热水泡软，切成约2厘米见方的片。
3. 煎锅置旺火上，加花生油烧热，放入鸡块煎至色金黄时取出。
4. 少司锅中加花生油烧热，先放干辣椒、花椒、陈皮炒香，再加入鸡块炒入味，倒入鸡高汤煮沸，下食盐、白糖、糖色、料酒调匀，送入160℃的烤炉内，加盖烤制40分钟。
5. 至鸡肉软熟入味，汤汁将干时取出，加入鸡精、芝麻油调匀，出锅装盘，晾凉即成。

大厨支招

1. 鸡块腌制时间宜长不宜短，以便原料入味充分。
2. 鸡块不要煎制太干，以颜色呈金黄色为佳。
3. 干辣椒、花椒和陈皮应用小火炒制，装盘时，可以用作装饰，增加风味，建议不宜食用。

食材与工具

分 类	原料名称	用量（克）
主 料	鸡 腿	400
	陈 皮	15
	干辣椒	20
	花 椒	5
	白 糖	10
	食 盐	10
	料 酒	20
调辅料	鸡 精	1
	芝麻油	10
	生姜块（拍破）	30
	大葱段	30
	糖 色	5
	鸡高汤	400
	花生油	150
工 具	平底煎锅、少司锅、烤炉、燃气灶、煎铲、木搅板、菜盘	

中國滋味
西式厨艺烹川菜

Chicken with Dried Orange Peel is a traditional Sichuan cold dish. The chicken meat in this dish tastes dry but not hard, soft and crispy. This dish is aromatic with a slightly sweet aftertaste and a light orange–peel flavor. This dish can be served as an appetizer which goes better with wine.

This dish goes well with dry red wine, Chinese liquor, or snacks like Fresh Spring Roll with Chili Sauce or Chicken Flavor Fried Dumplings.

Chicken with Dried Orange Peel

I. Ingredients

Main ingredient: 400g leg quarter

Auxiliary ingredients and seasonings: 15g dried orange peel, 20g dried chilies, 5g Sichuan peppercorns, 10g sugar, 10g salt, 20g cooking wine, 1g granulated chicken bouillon, 10g sesame oil, 30g ginger pieces (crushed), 30g scallion (cut into sections), 5g caramel sirop, 400g chicken stock, 150g peanut oil

II. Cooking utensils and equipment

1 frying pan, 1 sauce pan, 1 oven, 1 gas cooker, 1 slotted spatula, 1 wooden spoon, 1 serving dish

III. Preparation

1. Cut leg quarter into 5cm^3 cubes, and blend well with salt, cooking wine, ginger, scallion, then marinate for 30 minutes.

2. Cut dried chilies into 2cm-long sections; soften dried orange peel in hot water, then cut into 2cm^2 slices.

3. Heat the frying pan over a high heat, add peanut oil and continue to heat till it is hot, slide in chicken to fry till it has golden brown color.

4. Heat peanut oil in the sauce pan, add dried chilies, Sichuan peppercorns and dried orange peel to stir-fry to bring out the aroma. Add chicken and stir-fry till the soup has been fully absorbed by chicken. Add stock and bring to a boil, mix well with salt, sugar, caramel sirop and cooking wine. Roast in 160℃ oven for 40 minutes with a lid.

5. Braise till almost all the water evaporates and chicken has fully absorbed the flavor, add granulated chicken bouillon, sesame oil and blend well, then transfer to the serving dish and serve when it cools down.

IV. Tips from the chef

1. Enough marinating time of the chicken is necessary for the ingredients to fully absorb the seasoning sauce.

2. Fry the chicken till it is golden brown.

3. Stir-fry dried chilies, Sichuan peppercorns and dried orange peel over a low heat. Those could be used as decorations to make the dish look nicer.

Poulet sauté déglacé aux peaux d'orange sèches

Poulet sauté déglacé aux peaux d'orange sèches est un plat froid traditionnel du Sichuan, qui se fait cuit et se mange froid dont la viande est sèche, aromatique, épicée mais ne procure pas la chaleur endogène, tendre et croustillante, un arrière-goût légèrement sucré et une saveur d'orange agréable. Il peut servir à l'apéritif et va bien avec de la boisson.

Ce plat peut aller avec le vin rouge sec, l'alcool chinois et se marie bien avec des collations chinoises comme Rouleau de printemps à la sauce épicée, Raviolis au jus de poulet poêlés, etc.

I. Ingrédients

Ingrédient principal: 400g de cuisse de poulet

Assaisonnements: 15g de peaux d'orange sèches, 20g de piments rouges secs, 5g de poivre du Sichuan, 10g de sucre, 10g de sel, 20g de vin de cuisine, 1g de bouillon de poulet granulé, 10g d'huile de sésame, 30g de morceaux de gingembre aplatis, 30g de ciboule en sections, 5g de sirop de caramel, 400g de fond blanc de volaille, 150g d'huile d'arachide

II. Ustensiles et matériels de cuisine

1 sauteuse, 1 russe moyenne, 1 four, 1 cuisinière à gaz, 1 spatule ajourée, 1 cuillère en bois, 1 assiette

III. Préparation

1. Coupez la cuisse de volaille en cubes de 5 cm. Ajoutez le sel, le vin de cuisine, les morceaux de gingembre, la ciboule et mélangez-les délicatement. Laissez mariner pendant 30 minutes.

2. Coupez les piments rouges secs en sections de 2cm. Adoucissez les peaux d'orange sèches dans l'eau chaude, puis coupez-les en tranches carrées de 2cm.

3. Faites dorer les cubes de poulet dans la sauteuse sur feu vif avec l'huile d'arachide chauffée, puis retirez-les.

4. Faites chauffer l'huile d'arachide dans la russe moyenne. Ajoutez les piments rouges secs, les poivres du Sichuan et les peaux d'orange

sèches et faites-les sauter jusqu'à ce que les arômes ressortent. Puis faites sauter les cubes de poulet jusqu'à absorption des arômes. Versez le fond blanc de volaille et portez-le à ébullition, ajoutez le sel, le sucre, le sirop de caramel et le vin de cuisine, mélangez-les délicatement. Couvrez et laissez cuire au four à 160℃ pendant 40 minutes.

5. Récupérez-les cubes de poulet quand le jus de cuisson s'est presque évaporé et entièrement absorbé par le poulet, puis mélangez-le avec le bouillon de poulet granulé et l'huile de sésame. Transférez-les dans l'assiette et servez à froid.

IV. L'astuce du chef

1. Il faut mariner les cubes de poulet assez longtemps afin de faire bien absorber la sauce.

2. Evitez de faire sauter les cubes de poulet longtemps. L'idéal est qu'elles soient juste dorées.

3. Faites sauter les piments rouges secs, le poivre du Sichuan et les peaux d'orange sèches à feu doux. Ceux-ci sont pour la décoration alors que ce n'est pas conseillé à manger.

成都豆腐

成都豆腐是川菜中的特色菜肴，是在『麻婆豆腐』的基础上变化而成，有『麻、辣、烫、鲜、嫩、香、酥』的特点。『麻婆豆腐』相传是清同治初年成都市北郊万福桥一家陈姓小饭店店主之妻刘氏创制。因刘氏面部长有雀斑，人们便称其为『陈麻婆』。她创制的烧豆腐，则被称为『陈麻婆豆腐』。

此菜可与干红葡萄酒或中国白酒配搭，也可以和火腿土豆饼、紫薯土司夹等小吃配搭食用。

制作方法

1. 蒜苗切成约1厘米长的短节；豆腐切成约3厘米见方的块，放入煮沸的盐水中煮1分钟后沥水备用。
2. 煎锅置中火上，加花生油烧热，放入牛肉碎炒至酥香备用。
3. 少司锅置中火上，加花生油烧热，下郫县豆瓣炒香，加入姜碎、蒜碎、豆豉和红椒粉炒匀，加入牛高汤煮沸，加酱油、鸡精、黄油面酱等调匀，煮稠后成酱汁。
4. 将豆腐和牛肉碎放入酱汁中，撒上蒜苗节，送入180℃的烤炉中，烤8~10分钟后取出装入热汤碗中，撒上花椒粉即成。

大厨支招

1. 豆腐放入煮沸的盐水中焯水，便于成型、入味。
2. 牛肉碎以炒至酥香为佳。
3. 宜用小火炒制郫县豆瓣，至油红、出香时，即可加入其余调料。
4. 控制烤制豆腐的火候，以豆腐质嫩，酱汁咸鲜微辣、回味微麻为佳。

食材与工具

分 类	原料名称	用量（克）
主 料	老豆腐	400
	郫县豆瓣	10
	牛肉碎	80
	蒜 苗	20
	姜 碎	10
	蒜 碎	10
	豆 豉	5
	红椒粉	5
调辅料	牛高汤	120
	食 盐	4
	酱 油	10
	鸡 精	1
	黄油面酱	30
	花椒粉	2
	花生油	100
工 具	平底煎锅、少司锅、烤炉、燃气灶、煎铲、木搅板、汤碗	

Chengdu Tofu, a typical dish in Sichuan cuisine, is an improved version of "Mapo Tofu", which has a combination of numbing, pungent, hot, savory, tender, and crispy tastes. It is said that "Mapo Tofu" was invented by the wife of the owner of a small restaurant located at Wanfu Bridge in north suburb of Chengdu in the early years of Emperor Tongzhi's reign during the Qing Dynasty. People called her "Chen Mapo" (freckle faced nanny) because she had freckles on her face. Hence the dish was named "Chen Mapo Tofu".

This dish goes well with dry red wine, Chinese liquor, or snacks like Chengdu Potato Cake with Ham, Fried Toast Sandwich with Purple Sweet Potato Stuffing.

Chengdu Tofu

I. Ingredients

Main ingredients: 400g tough Tofu

Auxiliary ingredients and seasonings: 10g Pixian chili bean paste, 80g minced beef, 20g baby leeks, 10g ginger (finely chopped), 10g garlic (finely chopped), 5g fermented soy beans, 5g chili powder, 120g beef stock, 4g salt, 10g soy sauce, 1g granulated chicken bouillon, 30g blond roux, 2g Sichuan pepper powder, 100g peanut oil

II. Cooking utensils and equipment

1 frying pan, 1 sauce pan, 1 oven, 1 gas cooker, 1 frying spatula, 1 wooden spoon, 1 soup bowl

III. Preparations

1. Cut baby leeks into 1cm-long sections; cut tofu into $3cm^3$ cubes, blanch in salty water for 1 minute, then ladle out and drain.

2. Set the frying pan over a medium heat, add peanut oil and heat till it is hot. Slide in minced beef to stir-fry till aromatic.

3. Heat the sauce pan over a medium heat, add peanut oil and wait till it is hot. Add Pixian chili bean paste to stir-fry till aromatic, then add ginger, garlic, fermented soy beans and chili powder to stir-fry well. Add stock and bring to a boil, mix soy sauce, granulated chicken bouillon and blond roux well. Reduce to make thickening sauce.

4. Add tofu and minced beef into the thickening sauce, top with the leeks. Roast in 180℃ oven for 8~10 minutes, then transfer to the preheated soup bowl, sprinkle with Sichuan pepper powder.

IV. Tips from the chef

1. Blanch tofu in salty water helps it to absorb salt.

2. It is best to stir-fry minced beef till aromatic.

3. It is better to stir-fry Pixian chili bean paste over a low heat. When the oil is slightly reddish and aromatic, add the remaining seasonings.

4. Control the temperature when roast the tofu. The best is to have tender tofu with salty, slightly hot and savoury taste, and with a little numbing lingering fragrance.

*C*hengdu Tofu

Chengdu Tofu est un plat typique de la cuisine du Sichuan qui dérive du plat Ma Po Tofu. Chengdu Tofu est caractérisé de son goût poivré, épicé, exquis, tendre et croustillant. Il est dit que « Mapo Tofu » a été inventé par une femme du propriétaire d'un petit restaurant, qui est situé sur le pont Wanfu du nord de Chengdu au début de l'année de l'empereur Tongzhi de la dynastie Qing. Les gens l'ont appelée « Chen Mapo » (Ma en chinois tient un sens de taches de rousseur) car elle avait des taches de rousseur sur son visage. Ainsi le plat a été nommé « Chen Mapo Tofu ».

Ce plat peut aller avec le vin rouge sec et l'alcool chinois, ou avec des collations chinoises comme Petite galette de pommes de terre au jambon, Sandwich grillé à la purée de patates douces pourpres, etc.

I. Ingrédients

Ingrédient principal: 400g de tofu dur

Assaisonnements: 10g de pâte aux fèves et aux piments de Pixian, 80g de bœuf haché, 20g de poireaux chinois, 10g de gingembre haché, 10g de gousses d'ail hachées, 5g de graines de soja fermentées, 5g de piment rouge en poudre,120g de fond blanc de veau, 4g de sel, 10g de sauce de soja, 1g de bouillon de poulet granulé, 30g de roux blond, 2g de poivre du Sichuan en poudre, 100g d'huile d'arachide

II. Ustensiles et matériels de cuisine

1 sauteuse, 1 russe moyenne, 1 four, 1 cuisinière à gaz, 1 spatule ajourée, 1 cuillère en bois, 1 bol de soupe

III. Préparation

1. Coupez les poireaux chinois en tronçons de 1 cm; Taillez le tofu en cubes de 3cm^3, blanchissez-les dans l'eau salée pendant 1 minute, puis les sortez et les égouttez.

2. Mettez la sauteuse sur le feu moyen, faites chauffer l'huile d'arachide, jetez le bœuf haché et faites sauter jusqu'à ce qu'il soit parfumé et croustillant.

3. Chauffez la russe moyenne sur le feu moyen, ajoutez l'huile d'arachide jusqu'à ce qu'elle soit chaude. Faites revenir la pâte aux fèves et aux piments de Pixian jusqu'à apporter des arômes, puis ajoutez le gingembre haché, les gousses d'ail hachées, les graines de soja fermentées et le piment rouge en poudre, faites sauter pour les bien mélanger. Versez le fond blanc de veau et portez à ébullition, ajoutez la sauce de soja, le bouillon de poulet granulé et le roux blond, mélangez-les bien. Laissez réduire pour faire la sauce épaisse.

4. Jetez les cubes de tofu et le bœuf haché cuit dans la sauce épaisse, saupoudrez de tronçons de poireaux chinois, mettez-les au four à 180℃ pendant 8~10 minutes puis transférez dans le bol de soupe bien chaud, saupoudrez de poivre du Sichuan.

IV. L'astuce du chef

1. Blanchissez à l'eau bouillante salée rend tofu facile être formé et absorbé de la sauce.

2. Sautez le bœuf haché justement parfumé et croustillant.

3. Il est préférable de faire revenir la pâte aux fèves et aux piments de Pixian à feu doux, quand la couleur rouge brillante atteinte accompagnant d'un ressort des arômes, ajoutez les autres assaisonnements.

4. Contrôlez bien la température de la cuisson au four. Il est préférable d'avoir une texture du tofu tendre, ainsi qu'un goût salé, légèrement pimenté et savoureux, puis un arrière-goût légèrement poivré.

成都烤肉

成都烤肉是一道创新川菜，其创意思路来源于家喻户晓的经典川菜——回锅肉。所谓『回锅』，就是再次烹调的意思。回锅肉是中国川菜中的经典传统菜式，其特点是风味独特、色泽红亮、肥而不腻。

此菜可与干红葡萄酒或中国白酒搭配，也可以和荷叶夹、葱香花卷等小吃配搭食用。

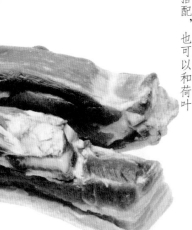

食材与工具

分 类	原料名称	用量（克）
主 料	带皮猪五花肉	300
调辅料	郫县豆瓣	20
	酱 油	10
	食 盐	1
	胡椒粉	1
	鸡 精	1
	生姜块	30
	大 葱	30
	花 椒	1
	鸡高汤	1000
	花生油	60
	蒜 苗	80
	时鲜蔬菜	适量
工 具	平底煎锅、少司锅、烤炉、燃气灶、煎铲、木搅板、菜盘	

制作方法

1. 生姜块去皮，洗净后拍破；大葱切成长段；带皮猪五花肉洗净；花椒用纱布打包；蒜苗切成长约1厘米的短节；郫县豆瓣剁成蓉。

2. 将鸡高汤用大火煮沸，加生姜块、大葱节和花椒包煮10分钟，放入带皮猪五花肉，转小火浸煮20分钟，离火后用煮汤浸泡10分钟，取出猪肉，切成厚约1厘米的片。结合菜肴特色及西方人用餐习惯，可以将肉块切成大块制作加工。

3. 将郫县豆瓣用热油炒香，加酱油、白糖、食盐、胡椒粉、鸡精等调制成腌肉酱汁，放入猪肉片中拌匀，腌制30分钟。

4. 将腌好的猪肉片放入200℃的烤炉内，烤6分钟后翻面，加入蒜苗丁拌匀，再烤6分钟后取出。

5. 将烤香的猪肉片装入热菜盘中，用煮熟的时鲜蔬菜做盘头，装饰即成。

大厨支招

1. 选用带皮的猪五花肉烹制，可以达到瘦肉干香、肥肉滋润的效果。

2. 猪肉煮至5成熟即可，用酱汁腌制肉片的时间宜长不宜短，以便入味。

3. 蒜苗最后加入，一同烤制，以保持鲜香的风味。

Chengdu Roasted Meat is an innovative dish in Sichuan cuisine. It originates from a well-known classic Sichuan dish——Twice-Cooked Pork. It has bright reddish color and unique, fat but not greasy taste.

This dish goes well with dry red wine, Chinese liquor, or snacks like Steamed Lotus Leaf Shaped Bun, Scallion Flavor Steamed Huajuan (Flower Roll).

*C*hengdu Roasted Meat

I. Ingredients

Main ingredient:

300g pork belly with skin attached

Auxiliary ingredients and seasonings:

20g Pixian chili bean paste, 10g soy sauce, 5g sugar, 1g salt, 1g white pepper powder, 1g granulated chicken bouillon, 30g ginger pieces, 30g scallion, 1g Sichuan peppercorns, 1000g chicken stock, 60g peanut oil, 80g baby leeks, fresh seasonal vegetables

II. Cooking utensils and equipment

1 frying pan, 1 sauce pan, 1 oven, 1 gas cooker, 1 slotted spatula, 1 wooden spoon, 1 serving dish

III. Preparation

1. Peel ginger, rinse and crush. Cut scallion into long sections. Rinse and clean pork belly with skin attached. Put Sichuan peppercorns in a spice bag. Cut leeks into 1cm-long. Chop Pixian chili bean paste.

2. Heat chicken stock and bring to a boil, then add ginger, scallion and the Sichuan pepper spice bag and continue to boil for 10 minutes. Slide in the pork, and simmer for 20 minutes. Then remove from the heat. Soak the pork in stock for 10 minutes. Ladle out the pork and cut into slices about 1cm thick.

3. Stir-fry Pixian chili bean paste with oil till aromatic, add soy sauce, sugar, salt, white pepper powder and granulated chicken bouillon to make marinating sauce. Mix the sauce with pork slices to marinate for 30 minutes.

4. Roast the marinated pork slices in 200℃ oven for 6 minutes, then turn upside down and mix with leeks and continue to roast for another 6 minutes.

5. Transfer the roasted pork slices into the preheated serving dish, decorate with boiled seasonal vegetables.

IV. Tips from the chef

1. Select the juicy pork belly for the dish.

2. Simmer the pork till half cooked. Allow enough time for the pork to marinate.

3. Do not add leeks at the beginning of roasting in order to keep the fresh taste.

Poitrine de porc rôtie à la chengdunnaise

Poitrine de porc rôtie à la chengdunnaise est un plat sichuannais créatif, inspiré de plat classique du Sichuan-Porc cuit deux fois, qui est connu par tout. Ce qu'on appelle « cuit deux fois » signifie « cuire à nouveau ». Porc cuit deux fois se caractérise par sa saveur unique, sa couleur rouge brillante, et son goût fondant mais pas gras.

Ce plat peut aller avec le vin rouge, l'alcool chinois et se marie bien avec des collations comme Brioche à la vapeur en forme de feuille de lotus et Rouleau de ciboule hachée à la vapeur, etc.

I. Ingrédients

Ingrédient principal: 300g de poitrine de porc avec la couenne

Assaisonnements: 20g de pâte aux fèves et aux piments de Pixian, 10g de sauce de soja, 5g de sucre, 1g de sel, 1g de poivre en poudre, 1g de bouillon de poulet granulé, 30g de gingembre (coupé en cubes), 30g de ciboule, 1g de poivre du Sichuan, 1 litre de fond blanc de volaille, 60g d'huile d'arachide, 80g de poireaux chinois, des légumes frais de saison

II. Ustensiles et matériels de cuisine

1 sauteuse, 1 russe moyenne, 1 four, 1 cuisinière à gaz, 1 spatule ajourée, 1 cuillère en bois, 1 assiette

III. Préparation

1. Pelez, rincez et aplatissez les cubes de gingembre; Coupez la ciboule en longues sections; Rincez la poitrine de porc avec la couenne; Enveloppez le poivre du Sichuan avec une mousseline; Coupez les poireaux chinois en sections courtes de 1cm; Hachez la pâte aux fèves et aux piments de Pixian.

2. Faites bouillir le fond blanc de volaille à feu vif et y ajoutez les cubes de gingembre, les sections de ciboule et le baquet du poivre du Sichuan, laissez cuire pendant 10 minutes. Ajoutez la poitrine de porc avec la couenne et laissez mijoter pendant 20 minutes à feu doux. Puis éteignez le feu et laissez-la dans le fond blanc de volaille existant pendant 10 minutes. Sortez la viande et coupez-la en tranches épaisses d'environ 1cm. Vous pouvez aussi la couper en morceaux pour adapter au style étranger.

3. Faites sauter la pâte aux fèves et aux piments de Pixian avec de l'huile chauffée. Ajoutez la sauce de soja, le sucre, le sel, le poivre en poudre et le bouillon de poulet granulé pour faire la sauce. Mélangez bien la sauce avec les tranches de la poitrine porc et laissez-les mariner pendant 30 minutes.

4. Mettez les tranches de porc mariné au four à 200℃ pendant 6 minutes et puis tournez-les à l'envers et mélangez-les avec les petites sections de poireaux chinois et poursuivez la cuisson pendant 6 minutes, sortez-les.

5. Transférez-les dans l'assiette. Garnissez de légumes frais de saison cuits sur l'assiette chaude puis la présentez à la table.

IV. L'astuce du chef

1. Choisissez la poitrine de porc avec la couenne, dont la partie maigre tiendra un goût sec aromatique, et la partie grasse tiendra un goût juteux.

2. Il suffit de faire pocher le porc jusqu'à ce qu'il soit rosé. Il vaut mieux mariner les tranches de porc suffisamment afin de faire absorber entièrement la sauce.

3. Ajoutez les sections de poireau chinois au dernier moment de la préparation pour garder la saveur fraîche et aromatique.

中國滋味
西式厨艺烹川菜

川味红烧肉

配搭食用。

此菜可与干红葡萄酒或中国白酒配搭，也可以和荷叶夹、葱香花卷等小吃

北宋文学家苏东坡的『慢着火，少着水，火候足时它自美』的操作要领进行烹调，以达到色泽红亮、成型美观、肉质软糯、原汁原味、香味四溢的效果。

红烧肉有很多种烹调方法，这里介绍的是川菜中的传统做法，基本沿袭了

食材与工具

分　类	原料名称	用量（克）
主　料	带皮猪五花肉	400
调辅料	生姜块（拍破）	30
	大葱段	30
	冰糖碎	100
	料　酒	40
	花　椒	1
	八　角	3
	桂　皮	2
	香　叶	1
	花生油	50
	鸡高汤	1000
工　具	平底煎锅、少司锅、烤炉、燃气灶、煎铲、木搅板、菜盘	

制作方法

1. 煎锅中加5克色拉油烧热，放入冰糖碎炒制成棕红色糖浆时，加入50克沸水搅匀，成焦糖浆后取出备用；将带皮猪五花肉放入沸水中煮5分钟后取出，在肉皮表面抹匀焦糖浆。

2. 煎锅置中火上，加花生油烧热，将抹有焦糖浆的猪肉皮向下放入锅中煎制，至肉皮呈金红色时取出，切成约5厘米见方的块备用。

3. 少司锅中加花生油烧热，放入生姜块和大葱段炒香，加入猪肉块炒匀，放入花椒、料酒、食盐、焦糖浆、八角、桂皮、香叶和鸡高汤煮沸，撇尽浮沫，将锅加盖，送入160℃的烤炉内烤焖2小时。

4. 待猪肉软后取出，拣出姜块、葱节、八角、桂皮、香叶，保温备用；将锅中汤汁煮稠成酱汁。

5. 将猪肉装入热菜盘中，淋上酱汁即成。

大厨支招

1. 选用带皮猪五花肉制作这道红烧肉，口感肥而不腻。

2. 选用冰糖做焦糖浆，色泽更红亮、美观，口味更香甜。

3. 制作要领是"慢着火，少着水，火候足时它自美"，讲究原汁原味，烹制中应用小火煨制。使用烤炉长时间烤制效果更佳。

Red–Braised Pork Belly can be cooked in many ways. Here a traditional method is introduced. It follows the principles of low heat, less water, and enough cooking time so that the dish will be lustrous, tender, flavorsome and aromatic.

This dish goes well with dry red wine, Chinese liquor, or snacks such as Steamed Lotus Leaf Shaped Bun, Scallion Flavor Steamed Huajuan (Flower Roll).

Sichuan Red-Braised Pork Belly

I. Ingredients

Main ingredient: 400g pork belly with skin attached

Auxiliary ingredients and seasonings: 30g ginger pieces (crushed), 30g scallion (cut into sections), 100g rock sugar (smashed), 40g cooking wine, 1g Sichuan peppercorns, 3g star aniseeds, 2g cinnamon, 1g bay leaves, 50g peanut oil, 1000g chicken stock

II. Cooking utensils and equipment

1 frying pan, 1 sauce pan, 1 oven, 1 gas cooker, 1 slotted spatula, 1 wooden spoon, 1 serving dish

III. Preparation

1. Heat 5g peanut oil in the frying pan till hot, add rock sugar and stir-fry into reddish brown caramel, then add 50g boiling water and mix well to make brown caramel. Blanch pork belly with skin attached for 5 minutes then ladle out. Brush the pork skin with caramel.

2. Heat the frying pan over a medium heat, add peanut oil and wait till it is hot. Slide in the pork with the skin downward and fry till the skin is golden red.

Ladle out and cut into 5cm^3 cubes.

3. Heat peanut oil in the ssauce pan till hot, add ginger and scallion to stir-fry till aromatic, slide in pork cubes, stir-fry and mix well. Add Sichuan peppercorns, cooking wine, salt, caramel, star aniseeds, cinnamon, bay leaves and chicken stock, then bring to a boil. Skim the floating foam, and then cover the pan with a lid. Roast in 160℃ oven for 2 hours.

4. Ladle out when the pork is soft, remove ginger, scallion sections, star aniseeds, cinnamon and bay leaves. Keep the pork warm. Heat the rest soup in the sauce pan till thick to make thickening sauce.

5. Transfer the pork to the preheated serving dish, pour the sauce over it.

IV. Tips from the chef

1. Select the juicy pork belly which is fat but not greasy.

2. Use rock sugar for caramel to create an appealing brown color and sweeter taste.

3. Follow the principles of low heat, less water, and enough cooking time.

Poitrine de porc braisée à la sauce rouge

Poitrine de porc braisée à la sauce rouge peut être cuite avec de variantes méthodes. Il est présenté ici la méthode traditionnelle du Sichuan. On suit le principe posé par Su dongpo, grand écrivain de la dynastie des Song du Nord disant que « Ce plat ne sera pas formidable qu'avec le feu doux, moins d'eau et le temps de cuisson suffisant ». Ce sont les points clés permettant de l'effet rouge brillant, la belle forme, la texture tendre et le goût authentique et aromatique.

Ce plat peut aller avec le vin rouge sec, l'alcool chinois et se marie bien avec des collations comme Brioche à la vapeur en forme de feuille de lotus et Rouleau de ciboule hachée à la vapeur, etc.

I. Ingrédients

Ingrédient principal: 400g de poitrine de porc avec la couenne

Assaisonnements: 30g de morceaux de gingembre aplatis, 30g de ciboule en tronçons, 100g de sucre candi concassé, 40g de vin de cuisine, 1g de poivre du Sichuan, 3g d'anis étoilé, 2g de cannelle, 1g de feuille de laurier, 50g d'huile d'arachide, 1 litre de fond blanc de volaille

II. Ustensiles et matériels de cuisine

1 sauteuse, 1 russe moyenne, 1 four, 1 cuisinière à gaz, 1 spatule ajourée, 1 cuillère en bois, 1 assiette

III. Préparation

1. Faites chauffer 5g d'huile d'arachide dans la sauteuse, ajoutez le sucre candi concassé, continuez de sauter, quand il devient rouge brun, ajoutez 50g d'eau bouillante et le remuez bien pour réaliser le sirop caramélisé, puis le retirez pour l'utilisation suivante. Blanchissez la poitrine de porc dans l'eau bouillante pendant 5 minutes, puis enduisez la couenne de porc de sirop caramélisé.

2. Posez la couenne de porc enduite de sirop caramélisé vers le bas, sautez et retirez-la jusqu'à ce qu'elle soit rouge dorée. Détaillez-la en cubes de 5cm^3.

3. Faites chauffer l'huile d'arachide dans la russe moyenne. Faites revenir d'abord les cubes de gingembre et les tronçons de ciboule jusqu'à ce que les arômes ressortent, puis jetez les cubes de porc et mélangez-les bien. Ajoutez le poivre du Sichuan, le vin de cuisine, le sel, le sirop caramélisé, l'anis étoilé, la cannelle, la feuille de laurier et le fond blanc de volaille et portez la soupe à ébullition, puis l'écumer. Couvrez-la et faites cuire au four à 160℃ pendant 2 heures.

4. Récupérez la viande lorsqu'elle est tendre. Retirez les cubes de gingembre, les tronçons de ciboule, l'anis étoilé, la cannelle, la feuille de laurier et les tenez au chaud pour l'utilisation suivante; Laissez réduire la soupe de cuisson pour faire la sauce épaisse.

5. Transférez la viande cuite dans l'assiette chaude et arrosez de sauce.

IV. L'astuce du chef

1. Choisissez la poitrine de porc avec la couenne pour réaliser une saveur fondante à la bouche mais pas grasse.

2. Choisissez le sucre candi pour faire le sirop caramélisé afin d'atteindre la couleur rouge brillante, la bonne présentation et un goût plus doux et sucré.

3. Le principe de confection est que « Ce plat ne sera pas formidable qu'avec le feu doux, un peu d'eau et le temps de cuisson suffisant ». Laissez mijoter à feu doux pour avoir le goût plus authentique. L'utilisation du four pour une cuisson longue peut atteindre un meilleur effet.

大蒜银鳕鱼

大蒜银鳕鱼的创意来源于传统川菜中的特色菜肴——大蒜鲶鱼，是一道以郫县豆瓣为主要调味料制作的风味菜肴，口味咸鲜微辣，蒜香浓郁，肉质鲜嫩。

此菜可与干白葡萄酒、干红葡萄酒或中国白酒配搭，也可以和芝麻南瓜饼、成都汉堡包等小吃配搭食用。

制作方法

1. 将银鳕鱼柳切成长约8厘米的块，加食盐、料酒、生姜块、大葱段腌制30分钟备用。
2. 少司锅置中火上，加花生油烧热，放入郫县豆瓣蓉、泡辣椒蓉炒香，下姜碎、大蒜、葱碎炒匀，倒入鱼高汤煮沸，加酱油、白糖、料酒、醋、鸡精、黄油面酱调匀，煮稠后成酱汁。
3. 将银鳕鱼放入酱汁中，入180℃的烤炉烤制8分钟。
4. 至银鳕鱼成熟后取出，出锅装入热菜盘中即成。

大厨支招

1. 郫县豆瓣蓉和泡辣椒蓉宜用小火炒制，待油红、出香时再加入其他调料炒制。
2. 煮鱼的酱汁应浓稠适度，以咸鲜微辣、略带甜酸、蒜香浓郁为佳。
3. 控制好烤鱼的火候，时间不可过长，刚熟即可。
4. 主料也可选用石斑鱼、海鲈鱼、大比目鱼、真鲷鱼等，风味亦佳。

食材与工具

分 类	原料名称	用量（克）
主 料	银鳕鱼柳	400
	大 蒜	100
	生姜块（拍破）	30
	大葱段	30
	郫县豆瓣蓉	30
	泡辣椒蓉	15
	姜 碎	10
	葱 碎	20
	食 盐	4
调辅料	料 酒	40
	酱 油	10
	醋	10
	白 糖	15
	鸡 精	2
	鱼高汤	400
	黄油面酱	30
	花生油	80
	时鲜蔬菜	适量
工 具	少司锅、烤炉、燃气灶、煎铲、木搅板、菜盘	

Baked Codfish with Garlic originated from a featured dish in Sichuan cuisine—Braised Catfish with Garlic. Pixian chili bean paste is the main seasoning in the dish. It features tender meat, salty, savory and slightly hot taste with strong fragrance of garlic.

This dish goes well with dry white wine, dry red wine, Chinese liquor, or snacks like Sesame Pumpkin Cake or Cheese Guokui (baked bread).

Baked Codfish with Garlic

I. Ingredients

Main ingredient: 400g codfish fillets

Auxiliary ingredients and seasonings: 100g garlic, 30g ginger pieces (crushed), 30g scallion (cut into sections), 30g Pixian chili bean paste (finely chopped), 15g pickled chilies (finely chopped), 10g ginger (finely chopped), 20g scallion (finely chopped), 4g salt, 40g cooking wine, 10g soy sauce, 10g vinegar, 15g sugar, 2g granulated chicken bouillon, 400g fish fumet, 30g blond roux, 80g peanut oil, fresh seasonal vegetables

II. Cooking utensils and equipment

1 sauce pan, 1 oven, 1 gas cooker, 1 slotted spatula, 1 wooden spoon, 1 serving dish

III. Preparation

1. Cut codfish fillets into 8cm-long pieces, add salt, cooking wine, crushed ginger and scallion sections and then marinate for 30 minutes.

2. Heat the sauce pan over a medium heat, add peanut oil till hot. Add Pixian chili bean paste, pickled chilies and stir-fry till aromatic. Then, add chopped ginger, garlic and chopped scallion and mix well. Pour in fish fumet and bring to a boil, add soy sauce, sugar, cooking wine, vinegar, granulated chicken bouillon and blond roux and stir well. Reduce to have sauce.

3. Put codfish into the sauce, roast in 180℃ oven for 8 minutes.

4. Wait till the codfish is cooked through, take out and transfer to the preheated serving dish.

IV. Tips from the chef

1. Stir-fry Pixian chili bean paste and pickled chilies over a low heat until the oil is lustrous, reddish and aromatic before adding other seasonings.

2. Roast the fish in a moderate-viscosity sauce which has salty, spicy, sweet and sour tastes and strong aroma of garlic.

3. Control the roast time of codfish. Roast till just cooked.

4. The codfish can be replaced with grouper, sea bass, flatfish, bream, etc.

Cabillaud aux gousses d'ail

L'idée créative de la recette cabillaud aux gousses d'ail est provenue d'un plat spécial de la cuisine du Sichuan traditionnelle « Poisson-chat braisé à l'ail ». Ce plat est confectionné principalement avec la pâte de fèves et piments de Pixian, tout accompagné par un goût exquis, salé et légèrement pimenté avec une odeur d'ail forte.

Ce plat peut aller avec le vin rouge/blanc sec ou l'alcool chinois, et aussi avec des collations chinoises comme Petite galette de potiron au sésame , Hamburger à la chengdunnaise, etc.

I. Ingrédients

Ingrédient principal: 400g de filets de cabillaud

Assaisonnements: 100g de gousses d'ail, 30g de morceaux de gingembre aplatis, 30g de ciboule en sections, 30g de pâte aux fèves et aux piments de Pixian hachée, 15g de pickles de piment rouge hachés, 10g de gingembre haché, 20g de ciboule hachée, 4g de sel, 40g de vin de cuisine, 10g de sauce de soja, 10g de vinaigre, 15g de sucre, 2g de bouillon de poulet granulé, 400g de fumet de poisson, 30g de roux blond, 80g d'huile d'arachide, des légumes frais de saison

II. Ustensiles et matériels de cuisine

1 plaque à poisson, 1 four, 1 cuisinière à gaz, 1 spatule ajourée, 1 cuillère en bois, 1 assiette

III. Préparation

1. Coupez les filets de cabillaud en morceaux de 8cm, ajoutez le sel, le vin de cuisine, les morceaux de gingembre, les sections de ciboule et laissez mariner pendant 30 minutes.

2. Chauffez la plaque à poisson sur feu moyen, faire chauffer l'huile d'arachide. Ajoutez la pâte aux fèves et aux piments hachée et les pickles de piment rouge hachés, faites sauter jusqu'à ce que les arômes ressortent. Ensuite, ajoutez le gingembre haché, les gousses d'ail, la ciboule hachée et les bien mélangez. Versez le fumet de poisson et portez à ébullition, puis ajoutez la sauce de soja, le sucre, le vin de cuisine, le vinaigre, le bouillon de poulet granulé et le roux blond, bien mélangez et laissez réduire jusqu'à le jus de cuisson devienne épaisse.

3. Posez le cabillaud dans la sauce, enfournez à 180℃ pendant 8 minutes.

4. Attendez que le cabillaud soit cuit, retirez le plat et transférez dans l'assiette chaude.

IV. L'astuce du chef

1. Il est préférable de faire sauter la pâte aux fèves et aux piments de Pixian et les pickles de piment rouge hachés à feu doux. Quand l'huile devient aromatique et brillante, ajoutez les autres assaisonnements.

2. La sauce utilisée pour faire bouillir le cabillaud devrait avoir une consistance onctueuse appropriée. Le meilleur goût est salé, savoureux, un peu épicé, légèrement aigre-sucré, ce qui apporte une odeur d'ail forte.

3. Contrôlez bien le temps de cuisson du cabillaud. Hors du four quand c'est justement cuit.

4. Le cabillaud peut être remplacé par calicot mérou, loup de mer, flétan et poisson de dorade.

豆瓣披萨

豆瓣披萨是一道中西合璧的创新风味产品。本菜将西餐中的披萨和用经典川菜调味品——郫县豆瓣制作的披萨酱汁有效融合，并采用传统的披萨制作工艺加工而成，风味独特、特色鲜明。

此菜可与干红葡萄酒或中国白酒搭配，若与冰糖银耳羹搭配食用，效果尤佳。

食材与工具

分 类	原料名称	用量（克）
主 料	高筋粉	200
	白 糖	4
	橄榄油	20
	食 盐	4
	酵 母	5
	温 水	120
调辅料	黄 油	20
	橄榄油	50
	郫县豆瓣	40
	姜 碎	10
	蒜 碎	10
	葱 碎	30
	低筋粉	20
	牛高汤	250
	酱 油	10
	白 糖	20
	醋	15
	料 酒	10
	食 盐	1
	黑胡椒碎	2
	鸡腿肉	80
	蘑 菇	40
	洋 葱	30
	青 椒	40
	红 椒	40
	马苏里拉芝士丝	100
	披萨香草	2
工 具	不锈钢汁盆、少司锅、披萨烤盘、烤炉、燃气灶、煎铲、木搅板、菜盘	

制作方法

1. 将高筋粉200克、食盐4克、白糖4克、酵母5克过筛，加入橄榄油20克、温水120克拌匀，至面团光滑后盖上保鲜膜发酵，在30℃的环境中静置1~2小时；披萨盘内刷油备用。

2. 将披萨面团分切成小球，搓圆后再发酵20分钟，擀成薄圆片形面皮，打孔，放入比萨盘内。

3. 自制豆瓣酱汁：将郫县豆瓣剁成蓉后用橄榄油炒香，加姜碎、蒜碎、葱碎炒匀，再加入低筋粉炒香，倒入牛高汤煮沸，放入酱油、白糖、醋调匀，煮稠成豆瓣酱汁。

4. 将鸡腿肉切成约1厘米见方的小丁，加料酒、黑胡椒碎和少许豆瓣酱汁拌匀；蘑菇、洋葱、青椒和红椒均切成丁。

5. 把豆瓣酱汁均匀涂抹在披萨面皮表面，撒上鸡肉丁、洋葱丁、青椒丁、红椒丁、蘑菇丁，再铺上马苏里拉芝士丝，撒少许披萨香草，送入烤炉，用250℃的温度烤至芝士呈金黄色，面皮酥香时出炉即成。

大厨支招

1. 郫县豆瓣蓉宜用小火炒香，至色红油亮时再加入其余的调料炒制。

2. 豆瓣酱汁的风味以咸鲜微辣，略带甜酸，姜、葱、蒜味浓郁为佳。

3. 郫县豆瓣咸味较重，注意控制好豆瓣酱汁的咸度。

Douban Pizza is an innovative dish combining Chinese and western styles. Using traditional pizza cooking process, this dish integrates pizza in western cuisine and Sichuan classic seasoning——Pixian chili bean paste, which gives the pizza a unique flavor.

This dish goes well with dry red wine or Chinese liquor. It tastes especially savory with Simmered White Fungus with Rock Candy.

Douban Pizza

I. Ingredients

Main ingredients: 200g bread flour, 4g sugar, 20g olive oil, 4g salt, 5g yeast, 120g warm water

Auxiliary ingredients and seasonings: 20g butter, 50g olive oil, 40g Pixian chili bean paste, 10g ginger (finely chopped), 10g garlic (finely chopped), 30g scallion (finely chopped), 20g cake flour, 250g beef stock, 10g soy sauce, 20g sugar, 15g vinegar, 10g cooking wine, 1g salt, 2g black pepper powder, 80g leg quarter, 40g mushrooms, 30g onion, 40g green bell peppers, 40g red bell peppers, 100g Mozzarella String Cheese, 2g oregano

II. Cooking utensils and equipment

1 stainless steel soup basin, 1 sauce pan, pizza pans, 1 oven, 1 gas cooker, 1 slotted spatula, 1 wooden spoon, 1 serving dish

III. Preparation

1. Sift 200g bread flour, 4g salt, 4g sugar and 5g yeast, and then mix well with 20g olive oil and 120g warm water. Knead till the dough becomes smooth, then cover it with preservative film to leaven for 1-2 hours under 30℃. Grease the pizza pans with a little oil.

2. Cut the pizza dough into small balls, knead them and leaven for another 20 minutes. Roll the small balls into crusts, punch and place in the pizza pans.

3. Homemade sauce with Pixian chili bean paste: finely chop Pixian chili bean paste and stir-fry with olive oil till aromatic, add ginger, garlic and scallion and stir-fry, then add cake flour and continue to stir-fry till aromatic. Then pour in stock and bring to a boil, mix well with soy sauce, sugar and vinegar. Reduce to make chili bean paste sauce.

4. Cut leg quarter into 1cm^3 small cubes, add cooking wine, black pepper powder and a little homemade chili bean paste sauce and blend well. Dice mushrooms, onions, green bell peppers and red bell peppers.

5. Brush the homemade chili bean paste sauce on the surface of pizza crusts. Sprinkle chicken, onion, green bell pepper, red bell pepper and mushroom pieces, and lay cheese strings on the top, spread a little pizza oregano. Roast in 250℃ oven till the cheese becomes golden and the crusts become crispy, then serve.

IV. Tips from the chef

1. Stir-fry Pixian chili bean paste over a low heat until the oil is lustrous, red and aromatic before adding other seasonings.

2. The sauce is a little salty, savory, spicy, slightly sweet and sour with strong aroma of garlic, scallion and ginger.

3. Do not add too much salt as Pixian chili bean paste is very salty.

Pizza à la pâte aux fèves

Pizza à la pâte aux fèves est un plat innovant, combiné de manière chinoise et occidentale. En utilisant la recette de cuisson de pizzas traditionnelle, fusionnée de condiments classiques de la cuisine du Sichuan, ce plat créatif tient un goût spécial et unique.

Ce plat peut aller avec le vin rouge sec ou l'alcool chinois. S'il va avec Soupe de trémelles au sucre candi, cela portera le meilleur goût.

I. Ingrédients

Ingrédients principaux: 20g de farine à pain, 4g de sucre, 20g d'huile d'olive, 4g de sel, 5g de levure, 120g d'eau tiède

Assaisonnements: 20g de beurre, 50g d'huile d'olive, 40g de pâte aux fèves et aux piments de Pixian, 10g de gingembre haché, 10g de gousses d'ail hachées, 30g de ciboule hachée, 20g de farine à gâteau, 250g de fond blanc de veau, 10g de sauce de soja, 20g de sucre, 15g de vinaigre, 10g de vin de cuisine, 1g de sel, 2g de poivre noir moulu, 80g de cuisse de poulet, 40g de champignons, 30g d'oignon, 40g de poivron vert, 40g de poivron rouge, 100g de fromage Mozzarella râpé, 2g d'origan

II. Ustensiles et matériels de cuisine

1 calotte, 1 russe moyenne, 1 plaque à pizza, 1 four, 1 cuisinière à gaz, 1 spatule ajourée, 1 cuillère en bois, 1 assiette

III. Préparation

1. Tamiser la 200g de farine à pain avec le mélange 4g de sel-4g de sucre-5g de levure, pétrissez-la avec 120g d'eau tiède en ajoutant 20g d'huile d'olive jusqu'à la pâte soit homogène et lisse, puis enveloppez-la avec un film alimentaire pour laisser lever pendant 1-2 heures sous un environnement de 30℃; Graisser d'huile sur la tôle de la plaque à pizza.

2. Taillez la pâte de farine en boulettes, pétrissez-les en forme ronde et faites fermenter encore 20 minutes. Etalez les boulettes en tranches rondes et fines, percez-les et posez-les sur la plaque à pizza.

3. Sauce de pâte aux fèves faite de maison: hachez la pâte aux fèves et aux piments de Pixian, puis sautez-la avec l'huile d'olive jusqu'à ce que les arômes ressortent, ajoutez le gingembre haché, les gousses d'ail hachées et la ciboule hachée, et les sautez bien. Ajoutez la farine à gâteau et continuer à faire sauter jusqu'à ce soit parfumé, versez ensuite le fond blanc de veau et portez à ébullition, bien mélanger avec la sauce de soja, le sucre et le vinaigre. Faites mijotez la soupe de cuisson et laissez réduire pour la confection de la sauce épaisse de pâte aux fèves.

4. Détaillez la cuisse de poulet en petits dés de 1cm^3, ajoutez le vin de cuisine, le poivre noir moulu et un peu de sauce de pâte aux fèves faite de maison, délayez-les bien; Coupez les champignons, l'oignon, le poivron vert et rouge en dés,

5. Nappez le dessus de la croûte de pizza avec la sauce de pâte aux fèves faite de maison, parsemez de dés de poulet, dés d'oignion, dés de poivron vert et rouge, puis dés de champignons, saupoudrez de fromage râpé et un peu d'origan. Faites-les cuire dans le four à 250°c, lorsque le fromage est doré et la croûte est croustillante, sortez la pizza du four et servez aussitôt.

IV. L'astuce du chef

1. Il est préférable de faire sauter la pâte aux fèves et aux piments hachée à feu doux. Vous pouvez ajouter d'autres assaisonnements après que la couleur de l'huile est devenue rouge brillante.

2. La meilleure saveur de la sauce de pâte aux fèves faite de maison devrait être un peu salée et épicée, légèrement aigre-douce, le tout accompagné par une odeur forte à l'ail, à la ciboule et au gingembre.

3. La pâte aux fèves et aux piments de Pixian est salée, mesurez bien la salure de la sauce.

豆瓣烧羊肉

郫县豆瓣烧羊肉，是将法式西餐中传统的『纳瓦林时蔬炖羊肉（Lamb Navarin）』和郫县豆瓣酱融合在一起精心制作而成。成菜色泽棕红，羊肉软嫩适口，味道咸鲜微辣，风味浓厚。

此菜可与干红葡萄酒或中国白酒搭配，也可以和香酥紫薯饼、火腿土豆饼等小吃配搭食用。

制作方法

1. 将小羊肉切成块；胡萝卜、白萝卜、土豆用小刀削成橄榄形备用；郫县豆瓣剁蓉后备用。
2. 煎锅中加花生油烧热，放入羊肉块煎至上色后取出，放入炖锅内备用。
3. 煎锅中再放入洋葱碎，炒至变色后，加郫县豆瓣蓉炒香，加姜碎、蒜碎炒匀，倒入白兰地酒点燃，烧出酒香味，加干红葡萄酒煮至原体积的1/3时，加面粉炒匀，倒入牛高汤和番茄碎煮沸，转小火保持微沸，撇去浮沫后，加入迷迭香香草、香叶和百里香调味。
4. 将煮出味的豆瓣汤汁倒入炖锅内，将锅加盖，送入200℃的烤炉内烤制40分钟。至羊肉软熟、入味时，放入胡萝卜、白萝卜、土豆煮入味，最后加青豆煮熟后，调味装盘即成。

大厨支招

1. 选用小羊肉可保证菜肴肉质软嫩的特点。
2. 注意郫县豆瓣的咸度，控制好口味。

食材与工具

分 类	原料名称	用量（克）
主 料	小羊肉	800
	红葱头	250
	胡萝卜	150
	白萝卜	150
	青 豆	50
	土 豆	200
调辅料	郫县豆瓣	40
	姜 碎	20
	蒜 碎	20
	洋葱碎	100
	番茄碎	100
	白兰地酒	10
	干红葡萄酒	30
	低筋面粉	60
	牛高汤	2000
	迷迭香香草	2
	香 叶	1
	百里香	1
	花生油	100
工 具	平底煎锅、炖锅、燃气灶、烤炉、煎铲、木搅板、菜盘	

Braised Lamb in Pixian Chili Bean Paste is a delicate dish which combines traditional French food "Lamb Navarin" and Pixian chili bean paste. It is of brownish color and salty, savory and slightly spicy taste with lamb.

This dish goes well with dry red wine, Chinese liquor, or snacks like Crispy Purple Sweet Potato Cake and Potato Cake with Ham.

Braised Lamb in Pixian Chili Bean Paste

I. Ingredients

Main ingredient: 800g lamb

Auxiliary ingredients and seasonings: 250g shallots, 150g carrots, 150g radishes, 50g green beans, 200g potatoes, 40g Pixian chili bean paste, 20g ginger (finely chopped), 20g garlic (finely chopped), 100g onion (finely chopped), 100g tomatoes (finely chopped), 10g cognac, 30g dry red wine, 60g cake flour, 2000g beef stock, 2g rosemary, 1g bay leaves, 1g thyme, 100g peanut oil

II. Cooking utensils and equipment

1 frying pan, 1 braising pan, 1 gas cooker, 1 oven, 1 slotted spatula, 1 wooden spoon, 1 serving dish

III. Preparation

1. Cut lamb into 3cm³ cubes. Cut carrots, radishes and potatoes into tournée form with small knife. Chop Pixian chili bean paste.

2. Heat peanut oil in the frying pan till it is hot, slide in the lamb cubes and fry till they are colored, transfer to the braising pan.

3. Add chopped onion in the frying pan and stir-fry with oil till it changes color. Add chopped Pixian chili bean paste and stir-fry till aromatic. Then add ginger and garlic to stir-fry well, pour in cognac and light it to bring out wine fragrance, add dry red wine and continue to boil till it shrinks to 1/3 of its original amount. Add cake flour and stir-fry to blend well, and pour in stock and tomatoes and bring to a boil, then change to a low heat to simmer, skim the floating foam and then add rosemary, bay leaves and thyme to flavor.

4. Pour the boiled chili bean paste soup into the braising pan, and cover the pan with a lid. Roast in 200℃ oven for 40 minutes. When the lamb is soft and has fully absorbed the soup, add carrot, radish, potato and continue to boil till they have absorbed the soup. Eventually, add green beans and continue to heat till well cooked, then transfer to the serving dish.

IV. Tips from the chef

1. Select tender lamb.

2. Do not add too much salt as Pixian chili bean paste is very salty.

Agneau braisé à la pâte aux fèves

Agneau braisé à la pâte aux fèves est un plat raffiné qui combine un plat français traditionnel « Navarin d'agneau » et la pâte aux fèves et aux piments de Pixian. Ce plat détient une couleur brique, un goût salé et légèrement épicé, dont la viande cuite est si tendre et savoureuse.

Ce plat peut aller avec le vin rouge sec et l'alcool chinois, ainsi que des collations chinoises comme Petite galette de patates douces pourpres, Petite galette de pommes de terre au jambon, etc.

I. Ingrédients

Ingrédient principal: 800g d'agneau

Assaisonnements: 250g d'échalotes, 150g de carottes, 150g de radis, 50g de pois verts, 200g de pommes de terre, 40g de pâte aux fèves et aux piments de Pixian, 20g de gingembre haché, 20g de gousses d'ail hachées, 100g d'oignons hachés, 100g de tomate hachée, 10g de cognac, 30g de vin rouge sec, 60g de farine à gâteau, 2000g de fond blanc de veau, 2g romarin, 2g de feuilles de laurier, 1g de thym, 100g d'huile d'arachide

II. Ustensiles et matériels de cuisine

1 sauteuse, 1 rondeau plat, 1 cuisinière à gaz, 1 four, 1 spatule ajourée, 1 cuillère en bois, 1 assiette

III. Préparation

1. Taillez l'agneau en petits cubes; Coupez les carottes, les radis et les pommes de terre en forme tournée avec un petit couteau; Hachez la pâte aux fèves et aux piments de Pixian.

2. Chauffez l'huile d'arachide dans la sauteuse et faites dorer les cubes d'agneau, sortez-les et mettez dans le rondeau plat pour l'utilisation suivante.

3. Jetez les oignons hachés, faites-les revenir jusqu'à la coloration atteint, suivi par la pâte aux fèves et aux piments hachée, sautez-la jusqu'à ce que les arômes ressortent, ajoutez le gingembre haché, les gousses d'ail hachées et bien mélangez, ajoutez le cognac, puis le flambez, versez le vin rouge sec et laissez cuire jusqu'à

1/3 du volume initial, ajoutez et faites revenir la farine à gâteau et bien mélangez. Versez le fond blanc de veau et la tomate hachée, portez-le à ébullition, puis baissez le feu en restant l'ébullition légère, écumez puis assaisonnez avec le romarin, les feuilles de laurier et le thym.

4. Versez la sauce de pâte aux fèves et aux piments cuite dans le rondeau plat et couvrez-le hermétiquement. Enfournez à 200℃ pendant 40 minutes. Quand l'agneau est tendre et a totalement absorbé la sauce, plongez le mélange carottes-radis-pommes de terre et continuez à faire bouillir jusqu'à ce qu'ils absorbent la sauce. Ajoutez dernièrement les pois verts, lors qu'ils sont bien cuits, assaisonnez et transférez tout dans l'assiette.

IV. L'astuce du chef

1. Le choix de l'agneau est nécessaire pour assurer la caractéristique de la texture tendre.

2. Faites attention à la salure de la pâte aux fèves et aux piments, controlez bien l'assaisonnement.

豆瓣银鳕鱼

豆瓣银鳕鱼的创意来源于传统川菜中的特色菜肴——豆瓣鲜鱼。本菜品使用被誉为川菜调味灵魂的郫县豆瓣作为主要调料制作，成菜咸鲜香辣，葱、姜、蒜味浓郁。

此菜可与干白葡萄酒、干红葡萄酒或中国白酒配搭，也可以和冰糖银耳羹、醉八仙等小吃配搭食用。

制作方法

1. 将郫县豆瓣和泡辣椒分别剁蓉；大葱切成约1厘米长的短节；将银鳕鱼柳加食盐、胡椒粉、生姜块、大葱节、料酒拌匀，腌制备用。

2. 少司锅中加花生油烧热，放入剁细的郫县豆瓣蓉和泡辣椒蓉炒香，加入姜碎、蒜碎和葱碎炒匀，倒入高汤煮沸，加白糖、醋、酱油、料酒、鸡精等调匀，放入鱼柳，送入180℃的烤炉内烤8分钟。

3. 鱼柳熟后取出保温；在煮鱼汤汁中加入黄油面酱搅匀，上火加热浓缩，煮稠成酱汁。

4. 将鱼柳装入热菜盘中，酱汁装入汁盅内，配上煮熟的时鲜蔬菜即成。

大厨支招

1. 泡辣椒和郫县豆瓣里都有咸味，调味时不宜过咸。

2. 这道菜的味感以咸鲜微辣、略带甜酸、姜葱蒜味浓郁为佳。

3. 鱼柳烤制时间不宜过长，以肉嫩质鲜为佳。

食材与工具

分 类	原料名称	用量（克）
主 料	银鳕鱼柳	500
	生姜块（拍破）	30
	大 葱	30
	郫县豆瓣	40
	泡辣椒	20
	姜 碎	10
	蒜 碎	20
	葱 碎	30
	白 糖	20
调辅料	醋	15
	酱 油	10
	料 酒	30
	食 盐	1
	胡椒粉	1
	鸡 精	1
	鱼高汤	250
	黄油面酱	30
	花生油	100
	时鲜蔬菜	适量
工 具	不锈钢汁盆、少司锅、烤炉、燃气灶、煎铲、木搅板、菜盘、汁盅	

Roasted Codfish with Chili Bean Paste is inspired by a traditional Sichuan dish——Braised Fish with Chili Bean Paste. The main seasoning used in this dish is Pixian chili bean paste, which is considered as the soul of Sichuan cuisine. This dish has salty, savoury and spicy taste, with strong aroma of ginger and garlic.

This dish goes well with dry white wine, dry red wine, Chinese liquor, or snacks like Simmered White Fungus with Rock Candy, Drunken Eight Immortals (Braised Eight Fruits with Glutinous Rice Wine).

Roasted Codfish with Chili Bean Paste

I. Ingredients

Main ingredient: 500g codfish fillets

Auxiliary ingredients and seasonings: 30g ginger pieces (crushed), 30g scallion, 40g Pixian chili bean paste, 20g pickled chilies, 10g ginger (finely chopped), 20g garlic (finely chopped), 30g scallion (finely chopped), 20g sugar, 15g vinegar, 10g soy sauce, 30g cooking wine, 1g salt, 1g white pepper powder, 1g granulated chicken bouillon, 250g fish fumet, 30g blond roux, 100g peanut oil, fresh seasonal vegetables

II. Cooking utensils and equipment

1 stainless steel soup basin, 1 sauce pan, 1 oven, 1 gas cooker, 1 slotted spatula, 1 wooden spoon, 1 serving dish, 1 sauce boat

III. Preparation

1. Chop Pixian chili bean paste and pickled chilies respectively. Cut scallion into 1cm-long sections. Mix codfish fillets well with salt, white pepper powder, crushed ginger pieces, scallion sections and cooking wine to marinate.

2. Heat peanut oil in the sauce pan till it is hot, add Pixian chili bean paste and pickled chilies to stir-fry till aromatic. Then add chopped ginger, garlic and scallion to stir-fry well. Pour in fish fumet and bring to a boil, mix with sugar, vinegar, soy sauce, cooking wine and granulated chicken bouillon and blend well. Add codfish fillets and then roast in 180℃ oven for 8 minutes.

3. After the fillets are well cooked, take out and keep warm. Add blond roux in fish soup and stir well. Reduce to make sauce.

4. Set the fillets in the preheated serving dish, transfer the sauce to the sauce boat, and garnish with boiled seasonal vegetables.

IV. Tips from the chef

1. Do not add too much salt as both pickled chilies and Pixian chili bean paste are salty.

2. The dish is savory, slightly spicy, slightly sweet and sour with strong aroma of ginger, scallion and garlic.

3. Do not roast codfish fillets too long.

Cabillaud rôti avec la pâte aux fèves

L'inspiration de ce plat est provenue du plat spécial du Sichuan-Poisson braisé avec la pâte aux fèves. Ce plat utilise l'âme de l'assaisonnement de la cuisine du Sichuan-la pâte aux fèves et aux piments de Pixian (Douban en chinois), comme assaisonnement principal. Ce plat est salé, savoureux et épicé, avec une forte odeur de gingembre, de ciboule et d'ail.

Ce plat peut aller avec le vin blanc sec / rouge ou l'alcool chinois, ainsi que des collations chinoises comme Soupe de trémelles au sucre candi, Huit immortels virés (huit fruits braisés dans le jus de riz gluant fermenté) etc.

I. Ingrédients

Ingrédient principal: 500g de filet de cabillaud

Assaisonnements: 30g de morceaux gingembre aplatis, 30g de ciboule, 40g de pâte aux fèves et aux piments de Pixian, 20g de pickles de piment rouge, 10g de gingembre haché, 20g de gousses d'ail hachées, 30g de ciboule hachée, 20g de sucre, 15g de vinaigre, 10g de sauce de soja, 30g de vin de cuisine, 1g de sel, 1g de poivre moulu, 1g bouillon de poulet granulé, 250g de fumet de poisson, 30g de roux blond, 100g d'huile d'arachide, certains légumes de saison frais

II. Ustensiles et matériels de cuisine

1 calotte, 1 plaque à poisson, 1 four, 1 cuisinière à gaz, 1 spatule ajourée, 1 cuillère en bois, 1 assiette

III. Préparation

1. Hachez la pâte aux fèves et aux piments de Pixian ainsi que les pickles de piment rouge; Découpez la ciboule en tronçons de 1cm; Faites mariner le filet de cabillaud avec le mélange sel-poivre moulu-morceaux de gingembre aplatis-ciboule en tronçons-vin de cuisine.

2. Chauffez l'huile d'arachide dans la plaque à poisson jusqu'à ce qu'elle soit bien chaude, mettez la pâte aux fèves et aux piments hachée et les pickles de piment rouge hachés, faites-les sauter jusqu'à ce que les arômes ressortent. Ajoutez le gingembre haché, les gousses d'ail hachées et la ciboule hachée, sautez-les bien, versez le fumet de poisson, mélangez-les bien avec le sucre, le vinaigre, la sauce de soja, le vin de cuisine et le bouillon de poulet granulé, mettez-y le filet de cabillaud, enfournez à 180℃ pendant 8 minutes.

3. Sortez le poisson lorsque c'est cuit et garder-le au chaud; Délayez le roux blond dans la soupe de poisson, faites-la réduire à nouveau jusqu'à obtention d'une consistance épaisse.

4. Mettez le filet dans l'assiette, versez la sauce cuite dans la saucière et garnissez de légumes de saison cuits.

IV. L'astuce du chef

1. Les pickles de piment rouge et la pâte aux fèves et aux piments sont tous salés. Ne mettez pas trop de sel quand vous faites l'assaisonnement.

2. C'est mieux d'avoir un goût savoureux, légèrement épicé et un peu aigre-doux en gardant une odeur forte de gingembre, de ciboule et d'ail.

3. La cuisson du filet de cabillaud au four ne doit pas durer longtemps. Il est préférable d'obtenir une texture tendre.

粉蒸牛肉

粉蒸牛肉是传统川菜中的特色菜品，最出名的要数成都老店『治德号』的小笼粉蒸牛肉。据说，小笼粉蒸牛肉是国画大师张大千先生在抗战时期来成都时最喜爱的菜肴。后经张大千先生的改进，在蒸好的牛肉上撒上辣椒粉、花椒粉和香菜，拌和均匀后食用味道更佳，后来成为广为流传的川菜佳肴。

此菜可与干红葡萄酒或中国白酒配搭，也可以和荷叶夹、冰糖银耳羹等小吃配搭食用。

食材与工具

分 类	原料名称	用量（克）
主 料	小牛里脊肉	250
	蒸肉米粉	40
	豆腐乳汁	2
	醪糟汁	50
	姜 蓉	8
	葱 碎	15
	蒜 蓉	5
	郫县豆瓣蓉	10
调辅料	酱 油	25
	香菜碎	30
	牛高汤	10
	鸡 精	1
	花椒粉	1
	红椒粉	5
	芝麻油	5
	花生油	15
工 具	平底煎锅、蒸柜、燃气灶、煎铲、木搅板、菜盘、小竹笼	

制作方法

1. 郫县豆瓣蓉用油炒香。

2. 小牛里脊肉切成长约6厘米，宽约4厘米，厚约0.5厘米的片，加郫县豆瓣蓉、酱油、鸡精、姜蓉、醪糟汁、豆腐乳汁、花生油拌匀，腌制20分钟。

3. 牛肉中加入牛高汤和米粉拌匀，装入小竹笼中，送入蒸柜内蒸熟。

4. 将蒸熟的牛肉翻入盘中，撒上蒜蓉、红椒粉、花椒粉、葱碎、芝麻油和香菜即成。

大厨支招

1. 郫县豆瓣蓉宜用小火炒制，出香即可。

2. 牛肉应横筋切片，以保证鲜嫩的口感。

3. 因郫县豆瓣和酱油都有咸味，不可再加食盐调味。

4. 蒸制时应用大火，一气呵成。若牛肉细嫩，通常蒸制30分钟；若牛肉质地较老，通常要蒸制60分钟。

西式厨艺烹川菜

Steamed Veal with Rice Crumbs is a traditional Sichuan cuisine, and the most famous one is made in a bamboo steamer by an old restaurant "Zhide Hao" in Chengdu. It is said that this dish was Zhang Daqian's favorite when this noted Chinese painting master was in Chengdu during the Anti-Japanese War. He improved this dish's taste by adding chili powder, Sichuan pepper powder and coriander. It is now a popular dish in Sichuan.

This dish goes well with dry red wine, Chinese liquor, or snacks like Steamed Lotus Leaf Shaped Buns, Simmered White Fungus with Rock Candy.

Steamed Veal with Rice Crumbs

I. Ingredients

Main ingredient: 250g veal tenderloin

Auxiliary ingredients and seasonings: 10g Pixian chili bean paste (finely chopped), 40g rice crumbs, 2g brine of fermented tofu, 50g fermented glutinous rice wine, 8g ginger (finely chopped), 15g scallion (finely chopped), 5g garlic (finely chopped), 25g soy sauce, 30g coriander (finely chopped), 10g beef stock, 1g granulated chicken bouillon, 1g Sichuan pepper powder, 5g chili powder, 5g sesame oil, 15g peanut oil

II. Cooking utensils and equipment

1 frying pan, 1 steamer, 1 gas cooker, 1 slotted spatula, 1 wooden spoon, 1 serving dish, 1 small bamboo steamer

III. Preparation

1. Stir-fry Pixian chili bean paste with peanut oil till aromatic.

2. Cut veal tenderloin into 6cm-long, 4cm-wide and 0.5cm-thick slices. Add chopped Pixian chili paste, soy sauce, granulated chicken bouillon, chopped ginger, fermented glutinous rice wine, brine of fermented tofu and peanut oil and blend well, then marinate for 20 minutes.

3. Add beef stock and rice crumbs and mix well with veal, then put in the small bamboo steamer, steam till cooked through.

4. Turn the bamboo steamer upside down to transfer the contents onto the serving dish, then sprinkle with garlic, chili powder, Sichuan pepper powder, scallion, sesame oil and coriander.

IV. Tips from the chef

1. Stir-fry Pixian chili bean paste over a low heat till aromatic.

2. Cut the veal against the grain for tenderness.

3. Do not add salt as Pixian chili bean paste and soy sauce are salty.

4. Steam the veal over a high heat. 30-60 minutes steaming time is required depending on the meat tenderness.

Veau à la vapeur avec chapelure de riz

Veau à la vapeur avec chapelure de riz est une spécialité de la cuisine du Sichuan. Cette recette la plus célèbre est issue d'un vieux restaurant « Zhide Hao » à Chengdu, l'origine de laquelle est cuite au petit panier en bambou. Il est dit que ce plat était le plat plus préféré d'un maître de la peinture traditionnelle chinoise qui s'appelle ZHANG Daqian, quand il était à Chengdu au cours de la guerre de résistance contre l'agression. Plus tard, Zhang Daqian a amélioré ce plat en saupoudrant de piment rouge en poudre, de poivre de Sichuan en poudre et de coriandre ciselée sur le dessus du veau cuit, qui tient un meilleur goût après un mélange homogène, plus tard, celui est devenu un plat du Sichuan répandu.

Ce plat peut aller avec le vin rouge sec ou l'alcool chinois, ainsi que des collations chinoises comme Soupe de trémelles au sucre candi, Brioche à la vapeur en forme de feuille de lotus.

I. Ingrédients

Ingrédient principal: 250g filet de veau

Assaisonnements: 10g de pâte aux fèves et aux piments hachée, 40g de chapelure de riz, 2g de jus de tofu fermenté, 50g de jus de riz gluant fermenté, 8g de gingembre haché, 15g de ciboule hachée, 5g de gousses d'ail hachées, 25g de sauce de soja, 30g de coriandre ciselée, 10g de fond blanc de veau, 1g de bouillon de poulet granulé, 1g de poivre du Sichuan en poudre, 5g de piment rouge en poudre, 5g d'huile de sésame, 15g d'huile d'arachide

II. Ustensiles et matériels de cuisine

1 sauteuse, 1 combi-four à vapeur, 1 cuisinière à gaz, 1 spatule ajourée, 1 cuillère en bois, 1 assiette, 1 petit panier en bambou

III. Préparation

1. Faites sauter la pâte aux fèves et aux piments de Pixian hachée avec l'huile jusqu'à apporter des arômes.

2. Détaillez le filet de veau en tranches d'environ 6cm de longueur, 4cm de largeur et 0,5 cm d'épaisseur. Ajoutez et mélangez la pâte aux fèves et aux piments hachée, la sauce de soja, le bouillon de poulet granulé, le gingembre haché, le jus de riz gluant fermenté, le jus de tofu fermenté et l'huile d'arachide, puis laissez mariner pendant 20 minutes.

3. Ajoutez un peu de fond blanc de veau, puis délayez les tranches avec la chapelure de riz, posez-les dans le petit panier en bambou, mettez-les à la vapeur jusqu'à ce qu'ils soient cuits.

4. Tournez le panier en bambou à l'envers pour transférer le plat cuit dans l'assiette. Saupoudrez de gousses d'ail hachées, de poivre du Sichuan en poudre, de piment rouge en poudre, de ciboule hachée, d'huile de sésame et de coriandre hachée.

IV. L'astuce du chef

1. Il est préférable de faire sauter la pâte aux fèves et aux piments hachée à feu doux, une fois c'est parfumé, arrêtez le feu.

2. Découpez le filet de veau le long de la filandre pour garder la texture tendre.

3. La pâte aux fèves et aux piments et la sauce de soja sont salées. N'ajoutez plus de sel.

4. Quand vous faites cuire le veau à la vapeur, il faut mettez sur feu vif sans arrêter pour qu'il puisse être cuit en une fois. Si la viande est tendre, le temps de cuisson à la vapeur est habituellement de 30 minutes, si la viande est un peu dure, il faudrait 30 minnutes de plus.

干煸四季豆

干煸是川菜烹饪的独特技法，是将原料直接在热油中加热炒制，直到菜肴成熟、干香。在制作蔬菜类干煸菜肴时，会先将原料炸制到熟软，再加入肉碎和芽菜调味增香，风味独特。

此菜可与干红葡萄酒或中国白酒配搭，也可以和清汤抄手、红油水饺等小吃配搭食用。

食材与工具

分　类	原料名称	用量（克）
主　料	四季豆	400
	牛肉碎	50
	芽菜碎	20
	料　酒	10
调辅料	食　盐	2
	酱　油	5
	鸡　精	1
	花生油	500（消耗80克）
	芝麻油	20
工　具	平底煎锅、炸炉、燃气灶、煎铲、木搅板、菜盘	

制作方法

1. 四季豆去筋、洗净，沥水后备用。
2. 将四季豆放入160℃的热油炸中炸制。
3. 待四季豆炸至表皮起皱时取出。
4. 煎锅中加花生油50克烧热，放入牛肉碎炒香，加料酒炒匀。至牛肉碎上色、干香时，加入芽菜碎炒香，放入炸熟的四季豆炒匀。
5. 加食盐、酱油、鸡精和芝麻油调味，装入热菜盘中即成。

大厨支招

1. 四季豆炸制至表皮起皱、软熟时即可。
2. 牛肉碎以炒制酥香为佳，加料酒可增香，加酱油可调色。
3. 四季豆、牛肉碎和芽菜碎一同炒制的时间不宜长，调好味即可。

As a unique skill in Sichuan cuisine, dry–frying is to stir–fry ingredients in hot oil till they are crispy and cooked through. When cooking dry–fried vegetables, we usually fry the ingredients first before adding minced meat and yacai (preserved mustard greens) to enhance the flavor.

This dish goes well with dry red wine, Chinese liquor, or snacks like Wonton Soup, Dumplings in Chili Sauce.

Dry-Fried French Beans

I. Ingredients

Main ingredient: 400g french beans

Auxiliary ingredients and seasonings: 50g minced beef, 20g yacai (finely chopped), 10g cooking wine, 2g salt, 5g soy sauce, 1g granulated chicken bouillon, 500g peanut oil (about 80g consumption), 20g sesame oil

II. Cooking utensils and equipment

1 frying pan, 1 deep-fryer, 1 gas cooker, 1 slotted spatula, 1 wooden spoon, 1 serving dish

III. Preparation

1. Remove the strings of the french beans, wash and drain.

2. Fry french beans in 160℃ hot oil in deep-fryer.

3. Deep-fry french beans till just cooked and wrinkled, and then remove.

4. Heat 50g peanut oil in the frying pan till hot, and add minced beef to stir-fry till aromatic. Add cooking wine and continue to stir-fry till the minced beef is dry, aromatic and colored, add yacai to stir-fry till aromatic, then add fried french beans to stir-fry well.

5. Add salt, soy sauce, granulated chicken bouillon and sesame oil to flavor, then transfer to the preheated serving dish.

IV. Tips from the chef

1. Stir-fry french beans till just cooked and wrinkled.

2. Stir-fry minced beef till aromatic. Cooking wine and soy sauce respectively help enhance the fragrance and the color of the beef.

3. Stir-fry french beans, minced beef and yacai briefly before adding the seasonings.

Haricots verts frits-secs au bœuf haché

Le frit-sec est une méthode spéciale de la cuisine du Sichuan, nous faisons sautez les ingrédients dans l'huile chaude jusqu'à ce qu'ils soient cuits, secs et apportent des arômes. Lorsque la confection des légumes par frit-sec, nous faisons frire habituellement les ingrédients jusqu'à ce qu'ils soient bien cuits et moelleux, puis ajoutons la viande hachée et le Yacai pour renforcer la saveur.

Ce plat peut aller avec le vin rouge sec ou l'alcool chinois, et aussi des collations chinoises comme Soupe de Wonton, Raviolis à la sauce pimentée, etc.

I. Ingrédients

Ingrédient principal: 400g de haricots verts

Assaisonnements: 50g de bœuf haché, 20g de Yacai (tiges de moutarde marinées) haché, 10g de vin de cuisine, 2g de sel, 5g de sauce de soja, 1g bouillon de poulet granulé, 500g d'huile d'arachide (sur la consommation de 80g), 30g d'huile de sésame

II. Ustensiles et matériels de cuisine

1 sauteuse, 1 friteuse, 1 cuisinière à gaz, 1 spatule ajourée, 1 cuillère en bois, 1 assiette

III. Préparation

1. Enlevez les fils des haricots verts, lavez et égouttez.

2. Faites frire les haricots verts dans l'huile chauffée à 160°.

3. Quand les haricots verts frits sont fripés, sortez-les.

4. Chauffez 50g d'huile d'arachide dans la sauteuse, ajoutez de bœuf hachés, arrosez le vin de cuisine et faites revenir le bœuf haché, lorsque le bœuf est coloré et apporte un parfum sec, jetez le Yacai haché et faites-les sauter jusqu'à obtention des arômes, ajoutez les haricots verts frits, sautez-les bien.

5. Assaisonnez de sel, de sauce de soja et d'huile de sésame, les transférez dans l'assiette chaude.

IV. L'Astuce du chef

1. Il convient de faire sauter les haricots verts jusqu'à ce qu'ils soient juste cuits et ridés.

2. C'est mieux de faire sauter le bœuf haché juste à ce qu'il soit aromatique et croustillant. Le vin de cuisine peut renforcer des arômes. La sauce de soja sert à colorer.

3. Il est préférable de ne pas sauter les haricots verts, le bœuf haché et le Yacai haché longtemps, une fois qu'ils sont bien salés, c'est fait.

鸡米芽菜

鸡米芽菜系四川风味特色菜，是采用四川宜宾芽菜和鸡肉烹制而成。四川的宜宾芽菜、南充冬菜、内江大头菜和重庆的涪陵榨菜并称为「四大腌菜」。

本菜口味清雅淡香，适合与米饭配搭。

此菜可与干红葡萄酒或中国白酒配搭，也可以和荷叶夹、葱香花卷等小吃配搭食用。

制作方法

1. 鸡肉切成约1厘米见方的丁，加食盐、清水10克、玉米淀粉30克、料酒10克拌均；青椒、红椒切小丁。
2. 将食盐、料酒、鸡精、玉米淀粉和鸡高汤调匀成芡汁。
3. 煎锅中加花生油烧热，放入鸡肉炒散，加芽菜碎、姜碎、蒜碎、葱碎炒香，放入红椒、青椒炒匀，倒入芡汁收汁，最后加酥花生仁炒匀，装入热菜盘中即成。

大厨支招

1. 主料宜选用鸡胸或鸡腿肉，刀工成型应均匀。
2. 烹制应迅速，不宜久炒，芡汁提前准备，以缩短加热时间。
3. 如果在调味料中加入郫县豆瓣蓉和泡辣椒，配以糖醋调料，制成鱼香风味，效果亦佳。

食材与工具

分 类	原料名称	用量（克）
主 料	鸡胸肉	300
调辅料	芽菜碎	15
	酥花生仁	60
	青 椒	60
	红 椒	60
	玉米淀粉	40
	料 酒	20
	姜 碎	5
	蒜 碎	5
	葱 碎	10
	食 盐	2
	鸡 精	1
	鸡高汤	40
	花生油	100
	清 水	10
工 具	平底煎锅、不锈钢汁盆、燃气灶、煎铲、木搅板、菜盘	

Stir-Fried Chopped Chicken with Yacai is a featured Sichuan dish, which is cooked with Sichuan Yibin yacai (preserved mustard greens) and chopped chicken. This dish has delicate taste and fragrant smell, and goes well with rice. Sichuan Yibin yacai, Nachong dongcai (preserved dried cabbage or mustard greens), Neijiang preserved kohlrabi and Chongqing "Fuling zhacai" are the "Four Most Renowned Preserved Vegetables in China".

This dish goes well with dry red wine, Chinese liquor, or snacks like Steamed Lotus Leaf Shaped Bun, Scallion Flavor Steamed Huajuan (Flower Roll).

Stir-Fried Chopped Chicken with Yacai

I. Ingredients

Main ingredient: 300g chicken breast

Auxiliary ingredients and seasonings: 15g yacai (finely chopped), 60g crispy peanuts, 60g green bell peppers, 60g red bell peppers, 4g cornstarch, 20g cooking wine, 5g ginger (finely chopped), 5g garlic (finely chopped), 10g scallion (finely chopped), 2g salt, 1g granulated chicken bouillon, 40g chicken stock, 100g peanut oil, 10g water

II. Cooking utensils and equipment

1 frying pan, 1 stainless steel soup basin, 1 gas cooker, 1 slotted spatula, 1 wooden spoon, 1 serving dish

III. Preparation

1. Cut chicken into 1cm³ dice, add salt, 10g water, 30g cornstarch, 10g cooking wine and blend well. Cut green bell peppers and red bell peppers into small dice.

2. Mix salt, cooking wine, granulated chicken bouillon, cornstarch and chicken stock to make thickening sauce.

3. Heat peanut oil in the frying pan till hot, add chicken and stir-fry so that they separate. Add yacai, ginger, garlic and scallion to stir-fry till aromatic. Add red bell peppers and green bell peppers and blend well, pour in the thickening sauce and continue to heat till the sauce becomes thick. Add crispy peanuts at last and stir-fry well, then transfer to the preheated serving dish.

IV. Tips from the chef

1. Select chicken breast or leg quarter as the main ingredient, and cut it into evenly dice.

2. Do not stir-fry too long. Prepare the thickening sauce in advance to shorten the cooking time.

3. The taste would be better if you add Pixian chili bean paste, pickled chilies and sweet-and-sour sauce.

Poulet haché sauté au Yacai

Poulet haché sauté au Yacai est un plat spécial de la saveur du Sichuan, qui est confectionné avec le Yacai de Yibing (ville du Sichuan) (tiges de moutarde marinées) et le poulet. En fait, Yacai de Yibin, Dongcai de Nanchong du Sichuan, rutabaga de Neijiang du Sichuan et Zhacai de Fulin de Chongqing sont nommés comme « Quatre légumes marinés les plus connus ». Ce plat va bien avec du riz puisqu'il est léger et parfumé.

Ce plat peut aller avec le vin rouge sec et l'alcool chinois, et aussi avec les collations chinoises comme Brioche à la vapeur en forme de feuille de lotus et Rouleau de ciboule hachée à la vapeur, etc.

I. Ingrédients

Ingrédient principal: 300g de suprême de poulet

Assaisonnement: 15g de Yacai haché, 60g de cacahuètes frites, 60g de poivrons verts, 60g de poivrons rouges, 40g d'amidon de maïs, 20g de vin de cuisine, 5g de gingembre haché, 5g de gousses d'ail hachées, 10g de ciboule hachée, 2g de sel, 1g de bouillon de poulet granulé, 40g de fond blanc de volaille, 100g d'huile d'arachide, 10g d'eau

II. Ustensiles et matériels de cuisine

1 sautoir, 1 calotte, 1 cuisinière à gaz, 1 spatule ajourée, 1 cuillère en bois, 1 assiette

III. Préparation

1. Coupez le poulet en petits dés de 1 cm^3, ajoutez le sel, 10g d'eau, 30g d'amidon de maïs et 10g de vin de cuisine, mélangez-les bien; Détaillez les poivrons verts et rouges en petits morceaux.

2. Faites la sauce de liaison avec le mélange sel-vin de cuisine-bouillon de poulet granulé-amidon de maïs-fond blanc de volaille.

3. Jetez les dés de poulet dans l'huile d'arachide préchauffée et faites sauter jusqu'à ce qu'ils soient séparés, puis ajoutez le Yacai haché, le gingembre haché, les gousses d'ail hachées et la ciboule hachée, faites-les revenir jusqu'à exhalation des arômes, mettez les poivrons verts et rouges puis versez la sauce de liaison pour épaissir le jus, en fin de cuisson, parsemez de cacahouètes et sautez-les bien, retirez du feu et transférez-les dans l'assiette chaude.

IV. Astuce

1. Le meilleur choix de l'ingrédient principal est la cuisse ou le suprême de poulet, la forme de dés coupés devrait mieux être la même taille.

2. Ne sautez pas les ingrédients longtemps, préparez la sauce de liaison en avance pour raccourcir le temps de préchauffage.

3. Si vous ajoutez la pâte aux fèves et aux piments de Pixian hachée, les pickles de piment rouge et le sucre-vinaigre dans l'assaisonnement, cela va obtenir un goût parfumé du poisson qui sera plus délicieux.

家常豆腐

家常豆腐是川菜的传统菜肴，制法多样，豆腐可煎制，也可炸制；调味料以郫县豆瓣为主，可以加豆豉，也可以加甜面酱增香，或撒入少量花椒粉突出家常风味。成菜色泽红亮、味道香浓、咸鲜微辣、汁稠味浓。

此菜可与干红葡萄酒或中国白酒配搭，也可以和三鲜猫耳面、香菇烧肉面等小吃配搭食用。

制作方法

1. 豆腐切成长约7厘米，宽约4厘米，厚约1厘米的厚片；牛里脊肉切成厚约0.5厘米的片；蒜苗切成约1厘米长的短节。

2. 煎锅置中火上，加花生油烧热，放入豆腐片煎至定型、两面均呈金黄色后备用。

3. 少司锅置中火上，加花生油烧热，放入牛里脊肉片炒散，加郫县豆瓣蓉炒香，再加姜碎、蒜碎炒匀，倒入牛高汤煮沸，下酱油、鸡精和黄油面酱煮稠成酱汁。

4. 将煎香的豆腐片放入酱汁中，撒上蒜苗丁，送入180℃的烤炉中烤8~10分钟。

5. 待豆腐入味，酱汁浓稠时，将豆腐出锅，装入热菜盘中即成。

大厨支招

1. 用中火热油煎制豆腐，可以保持豆腐形整不烂。

2. 郫县豆瓣蓉宜用小火炒制，待油红、出香味时再加入其他调料炒制。

3. 控制好酱汁的浓稠度，以汁稠味浓为佳。

食材与工具

分　类	原料名称	用量（克）
主　料	老豆腐	400
	牛里脊肉	100
	蒜　苗	50
	郫县豆瓣蓉	50
	姜　碎	5
	蒜　碎	5
调辅料	料　酒	10
	酱　油	20
	鸡　精	1
	黄油面酱	20
	牛高汤	250
	花生油	100
工　具	平底煎锅、少司锅、烤炉、燃气灶、煎铲、木搅板、菜盘	

Home-Style Tofu is a traditional Sichuan dish in which tofu can be cooked in various ways, such as frying or deep-frying. Pixian chili bean paste is the main seasoning, but we could add fermented soy beans or fermented flour paste to enhance the flavor, or we could also sprinkle with a small amount of Sichuan pepper powder to highlight homemade flavor. This dish has pleasant reddish color, thick sauce and salty, savory and slightly spicy taste.

This dish goes well with dry red wine, Chinese liquor, or snacks like Cat Ear Shaped Noodle with Three Delicacies, Noodles with Mushroom and Red-Braised Pork.

*H*ome-Style Tofu

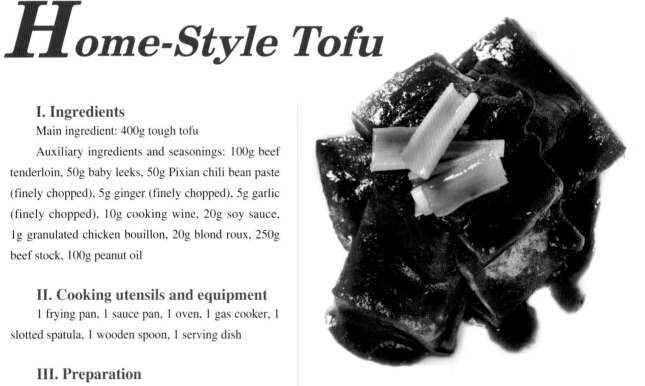

I. Ingredients

Main ingredient: 400g tough tofu

Auxiliary ingredients and seasonings: 100g beef tenderloin, 50g baby leeks, 50g Pixian chili bean paste (finely chopped), 5g ginger (finely chopped), 5g garlic (finely chopped), 10g cooking wine, 20g soy sauce, 1g granulated chicken bouillon, 20g blond roux, 250g beef stock, 100g peanut oil

II. Cooking utensils and equipment

1 frying pan, 1 sauce pan, 1 oven, 1 gas cooker, 1 slotted spatula, 1 wooden spoon, 1 serving dish

III. Preparation

1. Cut tofu into 7cm-long, 4cm-wide and 1cm-thick slices. Cut beef tenderloin into 0.5cm-thick slices and leeks into 1cm-long sections.

2. Heat the frying pan over a medium heat, add peanut oil to heat till hot. Add tofu slices and fry till they have certain shape and both sides are golden brown, then remove.

3. Heat the sauce pan over a medium heat, add peanut oil to heat till hot. Add beef slices to stir-fry till they separate, add Pixian chili bean paste to stir-fry till aromatic. Then add ginger and garlic to stir-fry well. Pour in the stock and bring to a boil, add soy sauce, granulated chicken bouillon and blond roux to reduce to make thickening sauce.

4. Put the fried tofu slices into the thickening sauce, top with leeks, then roast in 180℃ oven for 8-10 minutes.

5. Wait till tofu absorbs the flavor and the sauce becomes thick, then transfer it to the preheated serving dish.

IV. Tips from the chef

1. Fry tofu over a medium heat to keep the shape.

2. Stir-fry Pixian chili bean paste over a low heat till the oil is lustrous, brown and aromatic before adding other seasonings to stir-fry.

3. Control the viscosity of the sauce. It is better to have thick and aromatic sauce.

Tofu sauté de style fait maison

Tofu de style fait maison est un plat savoureux traditionnel de la cuisine du Sichuan, qui peut être fait avec plusieurs manières de confection, tel que de faire sauter ou de faire frire; L'assaisonnement principal est la pâte aux fèves et aux piments de Pixian, nous pouvons aussi ajouter des graines de soja fermentées et la pâte de farine fermentée pour apporter plus de goût, ou bien saupoudrez un peu de poivre du Sichuan pour donner plus fort un goût de style maison. Ce plat tient une couleur rouge clair, avec la sauce épaisse, il porte un goût riche en saveur, salé et légèrement épicé.

Ce plat peut aller avec le vin rouge sec et l'alcool chinois, et aussi avec des collations chinoises comme Soupe de 3 fruits de mer aux coquillettes, Nouilles à la sauce de poitrine de porc braisée aux champignons, etc.

I. Ingrédients

Ingrédient principal: 400g de tofu dur

Assaisonnements: 100g de filet de bœuf, 50g de poireaux chinois, 50g de pâte aux fèves et aux piments de Pixian hachée, 5g de gingembre haché, 5g de gousses d'ail hachées, 10g de vin de cuisine, 20g de sauce de soja, 1g de bouillon de poulet granulé, 20g de roux blond, 250g de fond blanc de veau, 100g d'huile d'arachide

II. Ustensile et matériels de cuisine

1 sauteuse, 1 russe moyenne, 1 four, 1 cuisinière à gaz, 1 spatule ajourée, 1 cuillère en bois, 1 assiette

III. Préparation

1. Taillez le toufu en tranches de 7cm de longueur, 4cm de largeur et 1cm d'épaisseur; Découpez le filet de bœuf en 0.5cm d'épaisseur et les poireaux chinois en sections de 1cm.

2. Préchauffez l'huile d'arachide dans la sauteuse, faites dorer les tranches de tofu pour les 2 faces.

3. Préchauffez la russe moyenne et versez l'huile d'arachide, jetez les tranches de bœuf et faites sauter jusqu'à ce que elles soient détachées, ajoutez et faites sautez la pâte aux fèves et aux piments de Pixian hachée, ensuite, saupoudrez de gingembre haché et de gousses d'ail hachées, sautez-les bien, puis versez le fond blanc de veau et ajoutez la sauce de soja, le bouillon de poulet granulé et le roux blond, laissez mijoter et réduire la soupe de cuisson jusqu'à ce qu'elle soit épaisse.

4. Déposez les tranches de tofu dorées dans la sauce, saupoudrez de morceaux de poireau chinois, mettez au four à 180℃ pendant 8~10min.

5. Lorsque le tofu a bien absorbé le goût et la sauce devient assez épaisse, retirez-les du four et transférez-les dans l'assiette chaude.

IV. L'astuce du chef

1. Faites sauter le tofu a feu moyen pour bien garder la forme.

2. Faites revernir la pâte aux fèves et aux piments de Pixian à feu doux jusqu'à ce que la couleur soit rouge brillante et qu'elle soit parfumée, puis ajoutez les autres condiments.

3. Contrôlez bien l'épaisseur de la sauce, c'est mieux d'obtenir une consistance onctueuse et un apport d'un parfum puissant.

姜汁热味鸡

姜汁热味鸡是一道以突出姜汁风味为特色的传统川菜菜肴。本菜选用熟制的鸡肉，用姜汁风味的酱汁烩制而成，成菜突出姜和醋的酸辣味，肉质细嫩，清鲜适口。

此菜可与干白葡萄酒、干红葡萄酒或中国白酒配搭，也可以和担担面、甜水面等小吃配搭食用。

制作方法

1. 鸡腿肉切成约6厘米见方的块，加生姜块、大葱和料酒腌制备用。

2. 煎锅置中火上，加花生油烧热，放入鸡肉块煎至定型、色金黄时取出备用。

3. 少司锅置中火上，加花生油烧热，放入姜碎和葱丁炒香，下鸡肉块炒入味，加入鸡高汤煮沸，再放入酱油、醋、食盐、黄油面酱调匀，送入180℃的烤炉中烤10分钟。

4. 待酱汁浓稠时出锅，装入热菜盘中即成。

大厨支招

1. 鸡肉不要煎制过老。此菜也可选用熟制的鸡肉直接烤焖，效果亦佳。

2. 成菜必须突出姜汁的清香味，入口应带少许酸味，成菜时可在酱汁中加点醋提味。

食材与工具

分　类	原料名称	用量（克）
主　料	净鸡腿肉	400
调辅料	生姜块（拍破）	10
	大葱段	10
	料　酒	5
	姜　碎	30
	食　盐	2
	葱　丁	30
	酱　油	10
	醋	30
	黄油面酱	20
	鸡高汤	300
	花生油	50
工　具	平底煎锅、少司锅、烤炉、燃气灶、煎铲、木搅板、菜盘	

Spicy Chicken in Ginger Sauce is a traditional Sichuan dish, which features ginger flavor. It is prepared with cooked chicken and ginger flavor sauce. It highlights the sour and pungent flavor of vinegar and ginger. This dish features tender meat, delicate and aromatic taste.

This dish goes well with dry white wine, dry red wine, Chinese liquor, or snacks like Dandan Noodles, Sweet Thick Noodles in Sichuan Style.

Spicy Chicken in Ginger Sauce

I. Ingredients

Main ingredient: 400g leg quarter without bones

Auxiliary ingredients and seasonings: 10g ginger pieces (crushed), 10g scallion (cut into sections), 5g cooking wine, 30g ginger (finely chopped), 2g salt, 30g scallion (finely chopped), 10g soy sauce, 30g vinegar, 20g blond roux, 300g chicken stock, 50g peanut oil

II. Cooking utensils and equipment

1 frying pan, 1 sauce pan, 1 oven, 1 gas cooker, 1 slotted spatula, 1 wooden spoon, 1 serving dish

III. Preparation

1. Cut leg quarter into 6cm^3 cubes, add crushed ginger pieces, scallion sections and cooking wine to marinate.

2. Heat the frying pan over a medium heat, add peanut oil and wait till it is hot. Add chicken to fry till the chicken has tasty shape and golden brown color.

3. Heat the sauce pan over a medium heat, add peanut oil and wait till it is hot. Add chopped ginger and scallion to stir-fry till aromatic, and then add chicken to stir-fry till it absorbs the flavor. Pour in the stock and bring to a boil, add soy sauce, vinegar, salt and blond roux then blend well. Roast in 180℃ oven for 10 minutes.

4. Reduce the sauce till thickened then transfer to the preheated serving dish.

IV. Tips from the chef

1. Do not over fry the chicken. The dish tastes the same if roasted with cooked chicken.

2. This dish should highlight the fresh smell of ginger sauce and may have slightly sour taste. Vinegar can be added to enhance the flavor.

Poulet fricassé à la sauce de gingembre

Poulet fricassé à la sauce de gingembre est un plat traditionnel de la cuisine du Sichuan qui est très marquant de la sauce de gingembre savoureuse. Ce plat est sélectionné le poulet cuit puis braisé dans la sauce de gingembre. Il met en évidence la saveur aigre-piquante du vinaigre et du gingembre, qui tient un goût tendre, délicate et aromatique.

Ce plat peut aller avec le vin blanc/rouge sec et l'alcool chinois, et aussi avec des collations chinoises comme Nouilles Dandan de Chengdu, Nouilles à la sauce épaisse sucrée, etc.

I. Ingrédients

Ingrédient principal: 400g cuisse de poulet désossée

Assaisonnements: 10g de morceaux de gingembre aplatis, 10g de ciboule en tronçons, 5g de vin de cuisine, 30g de gingembre haché, 2g de sel, 30g de ciboule en petits morceaux, 10g de sauce de soja, 30g de vinaigre, 20g de roux blond, 300g de fond blanc de volaille, 50g d'huile d'arachide

II. Ustensile et matériels de cuisine

1 sauteuse, 1 russe moyenne, 1 four, 1 cuisinière à gaz, 1 spatule ajourée, 1 cuillère en bois, 1 assiette

III. Préparation

1. Détaillez la cuisse de poulet en cubes de 6cm, macérez-les avec les morceaux de gingembre aplatis, la ciboule en tronçons et le vin de cuisine.

2. Faites chauffer de l'huile d'arachide dans la sauteuse, faites dorer les cubes de cuisse de poulet pour qu'ils soient formés.

3. Préchauffez la russe moyenne et versez l'huile d'arachide, parsemez de gingembre haché et de morceaux de ciboule, faites-les revenir pour qu'ils soient parfumés, jetez les cubes de poulet jusqu'à ce qu'ils absorbent des arômes, versez le fond blanc de volaille et portez à ébullition, ajoutez la sauce de soja, le vinaigre, le sel et le roux blond

en mélangeant bien, mettez-les au four à 180℃ pendant 10min.

4. Lorsque la sauce est bien épaisse, arrêtez la cuisson et transférez-les dans l'assiette chaude.

IV. L'astuce du chef

1. Ne sautez pas le poulet longtemps puisqu'il va être dur. Ce plat peut aussi choisir le poulet cuit et le cuire au four directement.

2. Le plat final devrait être remarquable par la sauce de gingembre savoureuse et être un peu aigre dans la bouche, vous pouvez rajouter du vinaigre au dernier moment pour renforcer le goût.

酱肉丁

酱肉丁的创意来源于传统川菜中的特色风味菜肴——酱肉丝。酱肉丝又称为『京酱肉丝』，是采用甜面酱和猪肉丝制作而成，口味清鲜、酱香味浓、回味略甜、适口不腻、四季皆宜。本菜选用品质更佳的牛肉来制作，风味更佳。

此菜可与干红葡萄酒或中国白酒配搭，也可以和荷叶夹、葱香花卷等小吃配搭食用。

制作方法

1. 小牛里脊肉切成约2厘米见方的丁，加食盐2克、料酒10克、玉米淀粉20克、牛高汤20克、花生油10克拌匀。

2. 甜面酱用花生油10克调匀；葱白切成丝。

3. 将白糖、鸡精、酱油、料酒10克、高汤、玉米淀粉和芝麻油调匀成芡汁。

4. 煎锅置中火上，加花生油烧热，放入牛肉丁炒至散籽时，加甜面酱炒匀，倒入芡汁，加热至酱汁浓稠后出锅，装入热菜盘中，撒上葱丝，配以煮熟的时鲜蔬菜即成。

大厨支招

1. 甜面酱需用油或汤调散后备用。

2. 炒肉丁的时间不宜过长，在肉丁不粘连时即可下甜面酱，以保持肉质鲜嫩的口感。

3. 因为甜面酱有一定的咸味，调味时酱油和食盐的用量不宜过多。

食材与工具

分 类	原料名称	用量（克）
主 料	小牛里脊肉	300
调辅料	大 葱	100
	食 盐	2
	鸡 精	1
	酱 油	6
	料 酒	20
	白 糖	6
	甜面酱	10
	牛高汤	80
	芝麻油	10
	玉米淀粉	30
	花生油	80
	时鲜蔬菜	适量
工 具	平底煎锅、燃气灶、煎铲、木搅板、菜盘	

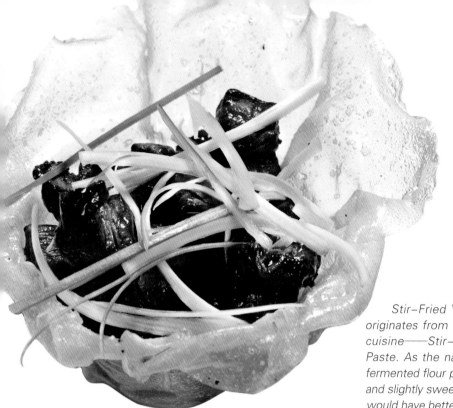

Stir-Fried Veal Dice with Fermented Flour Paste originates from the featured traditional dish of Sichuan cuisine——Stir-Fried Pork Dice with Fermented Flour Paste. As the name suggests, this dish is cooked with fermented flour paste and veal dice. It has delicate, savory and slightly sweet tastes, available in all seasons. This dish would have better taste if choose higher quality beef.

This dish goes well with dry red wine, Chinese liquor, or snacks like Steamed Lotus Leaf Shaped Bun, Scallion Flavor Steamed Huajuan (Flower Roll).

Stir-Fried Veal Dice with Fermented Flour Paste

I. Ingredients

Main ingredient: 300g veal tenderloin

Auxiliary ingredients and seasonings: 100g scallion, 2g salt, 1g granulated chicken bouillon, 6g soy sauce, 20g cooking wine, 6g sugar, 10g fermented flour paste, 80g beef stock, 10g sesame oil, 30g cornstarch, 80g peanut oil, fresh seasonal vegetables

II. Cooking utensils and equipment

1 frying pan, 1 gas cooker, 1 slotted spatula, 1 wooden spoon, 1 serving dish

III. Preparation

1. Cut veal tenderloin into 2cm^3 dice, and mix well with 2g salt, 10g cooking wine, 20g cornstarch, 20g beef stock and 10g peanut oil.

2. Blend fermented flour paste with 10g peanut oil. Cut the scallion white into slivers.

3. Mix sugar, granulated chicken bouillon, soy sauce, 10g cooking wine, stock, cornstarch and sesame oil to make thickening sauce.

4. Heat the frying pan over a medium heat, add peanut oil to heat till it is hot. Add veal dice and stir-fry to separate them. Then add fermented flour paste, stir-fry well and pour in the thickening sauce. Remove from the heat when the sauce becomes thick. Transfer to the preheated serving dish and sprinkle with scallion slivers, decorate with boiled seasonal vegetables.

IV. Tips from the chef

1. Mix Fermented flour paste with oil or stock and blend well.

2. Do not stir-fry veal dice too long to keep the tender taste. Add fermented flour paste when the dice separate.

3. Do not add too much salt and soy sauce because the fermented flour paste is salty.

Dés de veau sautés avec la pâte de farine fermentée

Dés de veau sautés avec la pâte de farine fermentée provient du plat traditionnel et exceptionnel de la cuisine du Sichuan-Juliennes de porc sautées avec la pâte de farine fermentée, qui est aussi nommé « Juliennes de porc Jingjiang ». Ce plat délicat tient un arôme de la pâte de farine puissant, légèrement sucré, délicieux mais non gras, alors il convient d'être servi dans toutes les saisons. Cette recette a choisit le bœuf de bonne qualité pour obtenir un goût plus savoureux.

Ce plat peut aller avec le vin rouge sec ou l'alcool chinois, et aussi avec des collations chinoises comme Brioche à la vapeur en forme de feuille de lotus et Rouleau de ciboule hachée à la vapeur.

I. Ingrédients

Ingrédient principal: 300g de filet de veau

Assaisonnements: 100g de ciboule, 2g de sel, 1g de bouillon de poulet granulé, 6g de sauce de soja, 20g de vin de cuisine, 6g de sucre, 10g de pâte de farine fermentée, 80g de fond blanc de veau, 10g d'huile de sésame, 30g d'amidon de maïs, 80g d'huile d'arachide, certains légumes de saison

II. Ustensiles et matériels de cuisine

1 sauteuse, 1 cuisinière à gaz, 1 spatule ajourée, 1 cuillère en bois, 1 assiette

III. Préparation

1. Découpez le filet de veau en cubes de 2cm, ajoutez 2g de sel, 10g de vin de cuisine, 20g d'amidon de maïs, 20g de fond blanc de veau et 10g d'huile d'arachide, mélangez-les bien.

2. Délayez uniformément la pâte de farine fermentée avec 10g d'huile d'arachide; Taillez la ciboule en fines juliennes.

3. Faites la sauce de liaison avec le sucre, le bouillon de poulet granulé, 10g de vin de cuisine, le fond blanc de veau, l'amidon de maïs et l'huile de sésame.

4. Faites chauffer l'huile d'arachide dans la sauteuse, jetez les cubes de veau et faites revenir jusqu'à ce qu'ils soient détachés, ajoutez la pâte de farine fermentée, continuez de faire sauter et mélangez bien. Versez la sauce de liaison et laissez réduire, arrêtez la cuisson lorsque la sauce devient épaisse. Transférez-les dans l'assiette chaude, parsemez de juliennes de ciboule et garnissez de légumes de saison.

IV. L'astuce du chef

1. Il faut mêler bien la pâte de farine fermentée avec de l'huile ou la soupe jusqu'à ce qu'elles soient homogènes pour l'utilisation suivante.

2. Il vaut mieux de ne pas sauter les cubes de veau longtemps, ajoutez la pâte de farine fermentée dès que les cubes ne se collent plus pour garantir sa fraîcheur.

3. N'ajoutez pas trop de sauce de soja ni de sel quand vous assaisonnez parce que la pâte de farine fermentée est salée.

宫保鸡

宫保鸡来源于川菜中的传统名菜——宫保鸡丁。宫保鸡丁一菜的来历与清朝官员丁宝桢有关。丁宝桢曾任山东巡抚，后任四川总督。他家每遇请客，都让家厨用花生米、干辣椒和嫩鸡肉一同炒制，很受客人欢迎。后来他被朝廷封为『太子少保』，人称『丁宫保』，其家厨烹制的炒鸡丁便被称为『宫保鸡丁』。

此菜可与干红葡萄酒或中国白酒配搭，也可以和龙眼酥、菊花酥饼等小吃配搭食用。

制作方法

1. 鸡腿肉去骨，用刀背拍松，切成约2厘米见方的块，加入5克酱油、10克水淀粉和10克花生油拌匀。

2. 干红辣椒剪成长约2厘米的段，去籽；大葱切成长约1厘米的短节；生姜、大蒜去皮后切成小片。

3. 将白糖、醋、15克酱油、食盐、料酒、水淀粉、鸡高汤等调料调配成芡汁待用。

4. 煎锅中加花生油烧热，放入干辣椒段、花椒炒成浅棕红色，下鸡丁炒散，再加入蒜片、姜片、大葱节炒出香味。

5. 加入芡汁炒匀，最后加入香酥花生仁炒匀，出锅装入热菜盘中，用煮熟的时鲜蔬菜做盘头，装饰即成。

大厨支招

1. 干辣椒剪成段后要去籽，避免辣椒籽被炒焦。

2. 干辣椒、花椒宜用低温炒制，至浅棕红色即可，切忌焦煳。

3. 最后加入香酥花生仁，以保持香酥口感。

4. 干辣椒和花椒仅用于取味，成菜后与鸡肉一同装盘，但不宜食用。

食材与工具

分 类	原料名称	用量（克）
主 料	鸡腿肉	250
	香酥花生仁	80
	干辣椒	6
	花 椒	1
	生 姜	10
	大 蒜	10
	大 葱	30
	白 糖	40
调辅料	醋	30
	酱 油	20
	食 盐	1
	料 酒	3
	水淀粉	30
	鸡高汤	30
	花生油	80
	时鲜蔬菜	适量
工 具	平底煎锅、燃气灶、煎铲、木搅板、菜盘	

Gongbao Chicken derives from a famous traditional dish of Sichuan cuisine——Gongbao Diced Chicken. Gongbao Diced Chicken's origination had something to do with Ding Baozhen, the governor of Sichuan province during the Qing Dynasty. He was addressed as Ding Gongbao because he was later promoted as the tutor of princes. When he feasted his guests at home, he used to ask his chef to stir-fry tender chicken with peanuts and dried chilies, which was quite popular among guests. Hence, this dish was called "Gongbao Diced Chicken".

This dish goes well with dry red wine, Chinese liquor, or with snacks such as Longyan Pastry, Chrysanthene-shaped Pastry.

Gongbao Chicken

I. Ingredients

Main ingredient: 250g leg quarter

Auxiliary ingredients and seasonings: 80g crispy peanuts, 6 dried chilies, 1g Sichuan peppercorns, 10g ginger, 10g garlic, 30g scallion, 40g sugar, 30g vinegar, 20g soy sauce, 1g salt, 3g cooking wine, 30g cornstarch water mixture, 30g chicken stock, 80g peanut oil, fresh seasonal vegetables

II. Cooking utensils and equipment

1 frying pan, 1 gas cooker, 1 slotted spatula, 1 wooden spoon, 1 serving dish

III. Preparation

1. Debone leg quarter, then pat the meat loosely with knife back. Cut into 2cm^3 cubes, and add 5g soy sauce, 10g cornstarch water mixture and 10g peanut oil and blend well.

2. Cut dried chilies into 2cm-long sections, deseed them. Cut scallion into 1cm-long sections. Peel ginger, garlic then cut them into small slices.

3. Mix sugar, vinegar, 15g soy source, salt, cooking wine, cornstarch water mixture and chicken stock to make thickening sauce.

4. Heat peanut oil in the frying pan till hot, add dried chili sections and Sichuan peppercorns to stir-fry till light brownish red. Add chicken dice and stir-fry to separate, and then add garlic, ginger and scallion to stir-fry till aromatic.

5. Pour in the thickening sauce to stir-fry and finally add crispy peanuts to stir-fry well. Transfer to the preheated serving dish, decorate with boiled fresh seasonal vegetables.

IV. Tips from the chef

1. Deseed dried chili sections because the seeds are easily burned.

2. Stir-fry dried chilies and Sichuan peppercorns over a low heat.

3. Do not add peanuts until the dish is almost done to keep their crispiness.

4. Dried chilies and Sichuan peppercorns are only used to add flavor, please do not eat them.

Poulet Gongbao

Poulet Gongbao a pour origine une fameuse recette traditionnelle de la cuisine du Sichuan-Dés de poulet Gongbao. L'origine de ce plat a une histoire à voir avec DING Baozhen, un fonctionnaire de la dynastie Qing. Il fut le premier gouverneur du Shandong, puis le gouverneur du Sichuan. Chaque fois qu'il invitait des amis à la maison, il demandait à son chef cuisinier de faire sauter le poulet tendre avec des cacahouètes et des piments secs. Ce plat fut très populaire parmi les invités. Plus tard, il fut promu comme « Taizi Shaobao » (professeur du prince). Il fut appelé « DING Gongbao » pour être bref, alors, les dés de poulet sautés par son chef fut nommé « Gongbao poulet ».

Ce plat peut aller avec le vin rouge sec et l'alcool chinois, et aussi des collations chinoises comme Petit feuilleté Longyan, Petit feuilleté à la forme de chrysanthème, etc.

I. Ingrédients

Ingrédient principal: 250g cuisse de poulet

Assaisonnements: 80g de cacahouètes frites, 6 piments rouges secs, 1g de poivre du Sichuan, 10g de gingembre, 10g de gousses d'ail, 30g de ciboule, 40g de sucre, 30g de vinaigre, 20g de sauce de soja, 1g de sel, 3g de vin de cuisine, 30g d'eau d'amidon, 30g de fond blanc de volaille, 80 d'huile d'arachide, certains légumes de saison frais

II. Ustensiles et matériels de cuisine

1 sautoir, 1 cuisinière à gaz, 1 spatule ajourée, 1 cuillère en bois, 1 assiette

III. Préparation

1. Désosser la cuisse de poulet, battez-la avec le dos du couteau pour qu'elle se lâche, puis coupez-la en cubes de 2cm^3, mélangez-les bien avec 5g de sauce de soja, 10g d'eau d'amidon et 10g d'huile d'arachide.

2. Détaillez les piments rouges secs en sections de 2cm et épépinez; Découpez la ciboule en segments de 1cm, épluchez et émincez le gingembre et les gousses d'ail en petites lamelles.

3. Faites la sauce de liaison avec le mélange sucre-vinaigre-15g de sauce de soja-sel-vin de cuisine-eau d'amidon-fond blanc de volaille pour l'utilisation suivante.

4. Faites chauffez l'huile d'arachide dans le sautoir, puis ajoutez les sections des piments rouges secs, le poivre du Sichuan jusqu'à la couleur soit rouge brune claire, jetez les dés de poulet, sautez et mélangez-les bien, saupoudrez de lamelles de gousses d'ail, de gingembre et de segments de ciboule jusqu'à exhalation des arômes.

5. Ajoutez la sauce de liaison et sautez-les bien, saupoudrez de cacahouètes frites au dernier moment et mélangez-les bien, transférez-les dans l'assiette chaude. Garnissez de légumes frais cuits avant de servir.

IV. L'astuce du chef

1. Il faut épépiner les sections de piments rouges secs pour éviter de brûler les graines.

2. C'est mieux de faire revenir les piments rouges secs et le poivre du Sichuan avec une température très douce, ne les brûlez pas.

3. Saupoudrez de cacahouètes au dernier moment pour garder le goût croquant.

4. Les piments rouges secs et le poivre du Sichuan ne sont pas mangeables puisqu'ils servent à l'assaisonnement.

蜜汁豆瓣烤鸡翅

蜜汁豆瓣烤鸡翅的创意，源于西餐中常用的BBQ烧烤酱菜肴。本款菜品将四川的特色调味料郫县豆瓣和西式蜜汁烧烤酱相结合，创制出独特的川式香辣烧烤酱。成菜色红质嫩、咸鲜香辣、微甜爽口，姜、蒜味突出，风味浓厚。

此菜可与干白葡萄酒、干红葡萄酒或中国白酒配搭，也可以和赖汤圆、清汤抄手等小吃配搭食用。

制作方法

1. 将郫县豆瓣用橄榄油炒香，与番茄酱、姜米、蒜米、酱油、鲜橙汁、蜂蜜、红椒粉、香油等调味料放入碗中，拌匀成烤肉腌酱。

2. 鸡翅洗净，用竹签插出小孔，放入烤肉腌酱抹匀，浸渍腌制24小时。

3. 将腌制好的鸡翅放在烤肉架上，送入180℃的烤炉内烤制15分钟，取出淋汁刷油后，再烤10分钟保温备用。

4. 上菜前，在鸡翅表面撒上熟芝麻即成。

大厨支招

1. 川菜中的郫县豆瓣通常咸味较大，在调味中应注意咸味调料的使用比例。

2. 为使烤制出的鸡翅味浓鲜美，可以提前腌制鸡翅，中途可以适当翻动，使之入味均匀。

3. 控制好烤制鸡翅的火候，中途应适当翻动，以便入味和上色均匀。

4. 如果主料选用猪排骨，风味亦佳。

食材与工具

分　类	原料名称	用量（克）
主　料	肉鸡鸡翅	400
调辅料	郫县豆瓣	50
	番茄酱	30
	姜　米	10
	蒜　米	20
	酱　油	10
	鲜橙汁	20
	蜂　蜜	50
	红椒粉	20
	香　油	20
	熟芝麻	100
	橄榄油	40
工　具	平底煎锅、烤肉架、竹签、烤炉、燃气灶、煎铲、木搅板、菜盘	

中國滋味
西式厨艺烹川菜

This dish is inspired by western dishes with BBQ sauce. It combines Sichuan featured seasoning Pixian chili bean paste with western honey BBQ sauce. With bright red color and tender meat, this dish has salty, spicy, savory and slightly sweet taste.

This dish goes well with dry white wine, dry red wine, Chinese liquor, or snacks like Lai's Tangyuan (Sweet Rice Dumplings), Wonton Soup.

Roasted Chicken Wings with Honey and Chili Bean Paste

III. Preparation

1. Sauté Pixian chili bean paste with olive oil till aromatic, and mix with tomato paste, ginger, garlic, soy sauce, fresh orange juice, honey, chili powder and sesame oil in a bowl, blend them well to make roast sauce.

2. Rinse chicken wings, pierce several holes with brochettes. Smear the chicken with the roast sauce, soak and marinate for 24 hours.

3. Put the marinated chicken wings on the grill, roast in 180℃ oven for 15 minutes, and brush and drizzle the sauce again, then roast another 10 minutes and keep warm.

4. Sprinkle with roasted sesame seeds on chicken wings before serving.

IV. Tips from the chef

1. Do not add too much salt because Pixian chili bean paste is very salty.

2. Allow enough time to marinate chicken wings and stir occasionally to fully absorb the flavor.

3. Control the roasting time and turn the chicken wings now and then for better flavor.

4. Substitute with spareribs if you like.

I. Ingredients

Main ingredient: 400g chicken wings

Auxiliary ingredients and seasonings: 50g Pixian chili bean paste, 30g tomato paste, 10g ginger (finely chopped), 20g garlic (finely chopped), 10g soy sauce, 20g fresh orange juice, 50g honey, 20g chili powder, 20g sesame oil, 100g roasted sesame seeds, 40g olive oil

II. Cooking utensils and equipment

1 frying pan, 1 grill, brochettes, 1 oven, 1 gas cooker, 1 slotted spatula, 1 wooden spoon, 1 serving dish

Ailes de poulet rôties au miel et à la pâte aux fèves

L'idée de ce plat est provenue des recettes occidentales à la sauce de barbecue. En combinant de l'assaisonnement spécial du Sichuan-pâte aux fèves et aux piments avec la sauce de barbecue au miel occidentale, d'où vient la sauce de barbecue épicée. À base de viande rouge et tendre, ce plat tient un goût salé, aromatique, épicé et légèrement sucré, le tout accompagné d'une saveur remarquable de gingembre, d'ail et de ciboulette.

Ce plat peut aller avec le vin blanc/rouge sec ou l'alcool chinois, et aussi avec des collations chinoises comme Tangyuan Lai (boulettes de riz gluant fourrées), Soupe de Woton, etc.

I. Ingrédients

Ingrédient principal: 400g d'ailes de volaille

Assaisonnements: 50g de pâte aux fèves et aux piments, 30g de concentré de tomates, 10g de gingembre hachée finement, 20g de gousses d'ails hachées finement, 10ml de sauce de soja, 20ml de jus d'orange, 50g de miel, 20g de piment rouge en poudre, 20ml d'huile de sésame, 100g de graines de sésame grillées, 40g d'huile d'olive

II. Ustensiles et matériels de cuisine

1 sauteuse, 1 gril, des brochettes en bois, 1 four, 1 cuisinière à gaz, 1 spatule ajourée, 1 cuillère en bois, 1 assiette

III. Préparation

1. Faites revenir la pâte aux fèves et aux piments de Pixian dans l'huile d'olive, préparez la marinade, dans un bol, versez la pâte sautée, ajoutez la concentré de tomates, le gingembre haché, les gousses d'ail hachées, la sauce de soja, le jus d'orange, le miel, le piment rouge en poudre et l'huile de sésame, mélangez-les bien.

2. Lavez les ailes de volaille, piquez-les avec les brochettes et badigeonnez de marinade, laissez-les macérer pendant 24h.

3. Posez les brochettes des ailes macérées sur le gril, puis mettez au four à 180℃ pendant 15 min, retirez les brochettes et enduisez d'un film de marinade et d'huile d'olive, remettez-les au four pendant 10 min pour les tenir au chaud.

4. Avant de servir, parsemez de graines de sésames grillées.

IV. L'astuce du chef

1. La pâte aux fèves et aux piments est généralement salée, faites attention lorsque vous assaisonnez.

2. C'est bien de tourner les brochettes de temps en temps quand vous faites macérer les ailes, pour que la viande absorbe la sauce.

3. Contrôlez bien la température de cuisson rôtie, tournez les brochettes régulièrement pour que les ailes soient bien colorées et absorbent la sauce.

4. Vous pouvez aussi remplacer les ailles de volaille par les entrecôtes de porc.

水煮牛肉

水煮牛肉是经典的传统川菜，有人望文生义，认为水煮就是用白水煮制的，口味清淡，哪知上菜时，却是色泽红亮、铺满油辣子的煮牛肉。本菜风味突出、麻辣鲜香烫，川菜特色十足。

此菜可与干红葡萄酒或中国白酒配搭，也可以和赖汤圆、冰糖银耳羹等小吃配搭食用。

制作方法

1. 芹菜、蒜苗、青笋尖均切成长约5厘米的段；郫县豆瓣剁成蓉；大葱切成长约1厘米的短节；牛肉切成厚约0.5厘米的片，加食盐、胡椒粉、料酒、玉米淀粉、牛高汤50克拌匀。

2. 将干辣椒、花椒用花生油10克炒成浅红色时取出备用。

3. 煎锅置旺火上，加花生油20克烧热，放入芹菜、蒜苗和青笋尖炒熟，放入热汤碗中保温备用。

4. 少司锅置中火上，加花生油50克烧热，放入郫县豆瓣蓉炒香后加姜碎、蒜碎炒匀，放入高汤450克煮沸，下料酒、酱油、鸡精调匀，放入牛肉煮制。待汤汁浓稠，牛肉刚熟时，连汤汁一同倒在芹菜、蒜苗和青笋尖上。

5. 在酱汁表面撒上葱节和炒香的干辣椒、花椒，淋上40克热油烫出香味即成。

大厨支招

1. 干辣椒和花椒用80℃的热油炒香，切忌焦煳。

2. 牛肉不宜久煮，以刚熟定型为佳。

3. 成菜前，用热油淋在葱节、干辣椒和花椒表面，烫出香味，趁热上菜。

4. 干辣椒和花椒主要用于增加风味，不宜食用。

5. 成菜时保持汤碗和菜肴的温度，以确保热烫、鲜美的风味。

食材与工具

分 类	原料名称	用量（克）
主 料	小牛里脊肉	250
	芹 菜	100
	蒜 苗	100
	青笋尖	100
	干辣椒	10
	花 椒	3
	郫县豆瓣	80
	姜 碎	5
	蒜 碎	5
调辅料	大 葱	30
	酱 油	10
	料 酒	5
	玉米淀粉	60
	牛高汤	500
	鸡 精	1
	食 盐	1
	胡椒粉	1
	花生油	150
工 具	平底煎锅、少司锅、燃气灶、煎铲、木搅板、汤碗	

Boiled Veal in Chili Sauce

Boiled Veal in Chili Sauce is a classic Sichuan dish. With bright and fiery color, this dish has spicy, salty, savory, and numbing taste, which is peculiar to Sichuan cuisine.

This dish goes well with dry red wine, Chinese liquor, or snacks like Lai's Tangyuan (Sweet Rice Dumplings), Simmerd White Fungus with Rock Candy.

I. Ingredients

Main ingredient: 250g veal tenderloin

Auxiliary ingredients and seasonings: 100g celery, 100g baby leeks, 100g asparagus lettuce tips (the leafy parts), 10g dried chilies, 3g Sichuan peppercorns, 80g Pixian chili bean paste, 5g ginger (finely chopped), 5g garlic (finely chopped), 30g scallion, 10g soy sauce, 5g cooking wine, 60g cornstarch, 500g beef stock, 1g granulated chicken bouillon, 1g salt, 1g white pepper powder, 150g peanut oil

II. Cooking utensils and equipment

1 frying pan, 1 sauce pan, 1 gas cooker, 1 slotted spatula, 1 wooden spoon, 1 soup bowl

III. Preparation

1. Cut celery, leeks, asparagus lettuce tips into 5cm-long sections. Chop Pixian chili bean paste. Cut scallion into 1cm-long sections. Cut veal into 0.5cm-thick slices, mix well with salt, white pepper powder, cooking wine, cornstarch and 50g beef stock.

2. Stir-fry dried chilies and Sichuan peppercorns with 10g peanut oil till light red then set aside.

3. Heat the frying pan over a high heat, add 20g peanut oil and wait till it is hot. Add celery, leeks and asparagus lettuce tips till cooked through, transfer to a soup bowl to keep warm.

4. Heat the sauce pan over a medium heat, add 50g peanut oil and wait till it is hot. Add Pixian chili bean paste to stir-fry till aromatic, then add ginger, garlic to blend well. Pour in 450g beef stock and bring to a boil, add cooking wine, soy sauce and granulated chicken bouillon and mix well. Slide in veal to boil. Wait till the sauce becomes thick and the veal is just cooked, then pour the contents in the pan on celery, leeks and asparagus lettuce tips in the soup bowl directly.

5. Sprinkle with scallion, sautéed dried chilies and Sichuan peppercorns, and pour 40g hot oil onto the chilies to bring out the aroma.

IV. Tips from the chef

1. Fry dried chilies and Sichuan peppercorns in 80℃ oil. Do not overcook.

2. Boil veal till just cooked.

3. Pour the hot oil onto scallion, dried chilies and Sichuan peppercorns to bring out the aroma. Serve when it is hot.

4. Do not eat the dried chilies and Sichuan peppercorns for they are seasonings.

5. Keep the dish warm when serving it to present the true flavor.

Veau poché dans la sauce de piments rouges

Veau poché dans la sauce de piments rouges est un plat classique et traditionnel du Sichuan. L'introduction chinoise fait confondre des gens qui pensent que ce plat est de faire bouillir dans l'eau et qui serait très léger, lorsque que sa présentation sur la table, ils se trouvent que l'eau est en rouge, couverte plein de piments rouges. En fait, ce plat est très remarquable par son goût épicé, poivré, parfumé et exquis, typiquement caractérisé de la cuisine du Sichuan.

Ce plat peut aller avec le vin rouge sec et l'alcool chinois, et aussi avec des collations chinoises comme Tangyuan Lai (boulettes de riz gluant fourrées), Soupe de trémelles au sucre candi, etc.

I. Ingrédients

Ingrédient principal: 250g de filet de veau

Assaisonnements: 100g de céleris, 100g de poireaux chinois, 100g de tiges de laitue chinoise, 10g de piments rouges secs, 3g de poivre du Sichuan, 80g de pâte aux fèves et aux piments de Pixian, 5g de gingembre haché, 5g de gousses d'ail hachées, 30 g de ciboule, 10g de sauce de soja, 5g de vin de cuisine, 60g d'amidon de maïs, 500g de fond blanc de veau, 1g de bouillon de poulet granulé, 1g de sel, 1g de poivre en poudre, 150g d'huile d'arachide

II. Ustensiles et matériels de cuisine

1 sautoir, 1 russe moyenne, 1 cuisinière à gaz, 1 spatule ajourée, 1 cuillère en bois, 1 bol de soupe

III. Préparation

1. Taillez les céleris, les poireaux chinois et les tiges de laitue chinoise en tronçons de 5cm; Faites hacher la pâte aux fèves et aux piments de Pixian; Coupez la ciboule en petites sections de 1cm; Découpez le veau en tranches de 0.5cm et ajoutez le sel, le poivre, le vin de cuisine, l'amidon de maïs et 50g de fond blanc de veau, mélangez-les bien.

2. Faites revenir les piments rouges secs et le poivre du Sichuan dans 10g d'huile d'arachide, sortez-les pour l'utilisation suivante.

3. Préchauffez la sauteuse à feu vif, versez 20g d'huile d'arachide, jetez les céleris, les poireaux chinois et les tiges de laitue chinoise, sautez-les pour qu'ils soient cuits et les versez dans le bol de soupe bien chaud et maintenez-les à sa température.

4. Préchauffez la russe moyenne à feu moyen, versez 50g d'huile d'arachide et suivi par la pâte aux fèves et aux piments de Pixian hachée, faites revenir jusqu'à ce qu'elle soit parfumée, saupoudrez de gingembre haché et de gousses d'ail hachées, les bien mélangez, versez 450g de fond blanc de veau, ajoutez le vin de cuisine, la sauce de soja et le bouillon de poulet granulé en les mélangeant bien, plongez le veau et laissez bouillir. Lorsque le jus de cuisson devient épaisse et la viande est juste tendre,

versez tout au-dessus des tronçons de céleris, de poireaux chinois et de tiges de laitue chinoise.

5. Parsemez de sections de ciboule, de piments rouges secs et de poivre du Sichuan frits, arrosez 40g de l'huile frémissante pour que les assaisonnements soient brûlés à apporter des arômes.

IV. L'astuce du chef

1. Faites revenir les piments rouges secs et le poivre du Sichuan dans l'huile à 80℃, attention de ne pas les brûler.

2. Ce n'est pas bien de faire cuire les tranches de veau longtemps, l'idéal est d'arrêter la cuisson lorsqu'elles se forment.

3. Avant la présentation sur la table, arrosez de l'huile chaude sur les sections de ciboule, déguster assez chaud pour découvrir le meilleur goût.

4. Les piments rouges secs et le poivre du Sichuan pour faire ressortir les arômes, ne mangez pas les piments rouges secs et le poivre du Sichuan puisqu'ils sont pour l'assaisonnement.

酥炸豆瓣牛排

酥炸豆瓣牛排是将西餐传统的带骨牛排和四川郫县豆瓣风味调味酱融合在一起，再配以西式沙拉酱制作而成。成菜色泽金黄，外酥内香、肉嫩多汁，咸鲜微辣，风味浓厚独特。

此菜可与干红葡萄酒或中国白酒搭配，也可以和香酥紫薯饼、火腿土豆饼等小吃配搭食用。

制作方法

1. 煎锅中加花生油烧热，放入郫县豆瓣蓉炒香，加姜碎、蒜碎、葱碎炒匀，倒入白兰地酒点燃，烧出酒香味，加干红葡萄酒煮至原体积的1/3时，离火冷却成豆瓣风味酱。

2. 土司片切成约0.5厘米大小的粒；生菜切丝；彩椒去籽掏空；鸡蛋搅打成蛋液；将带骨小牛排用刀拍松，加豆瓣风味酱拌匀，腌制2小时备用。

3. 取出腌制好的小牛排，沾匀鸡蛋液，再裹上土司粒，放入150℃的热油中炸至色泽金黄，外酥内嫩时取出，沥干余油备用。

4. 将沙拉酱装入彩椒中，用生菜丝垫底，放上炸好的小牛排即成。

大厨支招

1. 主料一定选用鲜嫩的小牛排，以确保成菜肉嫩多汁的特点。

2. 注意郫县豆瓣的咸度，控制好口味。

食材与工具

分类	原料名称	用量（克）
主料	带骨小牛排	12（支）
	土司片	2（片）
	鸡蛋	2（个）
	彩椒	4（个）
调辅料	郫县豆瓣蓉	40
	姜碎	10
	蒜碎	20
	葱碎	30
	白兰地酒	10
	干红葡萄酒	30
	沙拉酱	120
	生菜	适量
	花生油	1000（约耗100克）
工具	平底煎锅、不锈钢汁盆、炸炉、燃气灶、煎铲、木搅板、菜盘	

073

Deep-Fried Chili Bean Paste Steak uses the veal chops and the Pixian chili bean paste, combined with western style salad dressing. The steak is golden brown, tender and juicy, crispy outside and soft inside. This dish has salty, savory and slightly spicy taste.

This dish goes well with dry red wine, Chinese liquor, or snacks like Crispy Purple Sweet Potato Cake, Potato Cake with Ham.

Deep-Fried Chili Bean Paste Steak

I. Ingredients

Main ingredient: 12 veal chops (bone-in)

Auxiliary ingredients and seasonings: 2 pieces of toast, 2 eggs, 4 bell peppers, 40g Pixian chili bean paste (finely chopped), 10g ginger (finely chopped), 20g garlic (finely chopped), 30g scallion (finely chopped), 10g cognac, 30g dry red wine, 120g mayonnaise sauce, lettuces, 1000g peanut oil (about 100g consumption)

II. Cooking utensils and equipment

1 frying pan, 1 stainless steel soup basin, 1 deep-fryer, 1 gas cooker, 1 slotted spatula, 1 wooden spoon, 1 serving dish

III. Preparation

1. Heat peanut oil till hot in the frying pan, add Pixian chili bean paste to stir-fry till aromatic. Add ginger, scallion and garlic to blend, pour in cognac and light it to bring out the wine aroma. Add dry red wine and continue to boil till the wine shrinks to 1/3 original volume, then remove from heat and wait till cool to make chili bean paste flavor sauce.

2. Cut toast into 0.5cm^3 cubes. Cut lettuces into slivers. Empty bell peppers and use the pepper as a saucer. Beat egg in a bowl. Pat veal chops loosely, add chili bean paste flavor sauce and blend well, marinate for 2 hours.

3. After 2 hours, coat the veal chops with the beaten egg, wrap with toast cubes, deep-fry in 150℃ hot oil in the deep-fryer till golden brown, crispy outside and tender inside. Remove and drain.

4. Stuff the bell peppers with the mayonnaise sauce. Lay the lettuce slivers on the serving dish, set the fried veal chops on it.

IV. Tips from the chef

1. Select tender veal chops to have better taste.

2. Do not add too much salt for Pixian chili bean paste is salty.

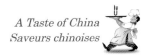

Steak frit avec la sauce de pâte aux fèves

Steak frit avec la pâte aux fèves a fait une fusion de côtelettes de veau avec la pâte aux fèves et aux piments de Pixian, accompagné de sauce de salade occidentale. A base de couleur dorée, ce plat tient une saveur exceptionnelle, un goût croustillant à l'extérieur et doux à l'intérieur, tendre et juteux, salé, exquis et légèrement épicé.

Ce plat peut aller avec le vin rouge sec ou l'alcool chinois, et aussi avec des collations chinoises comme Petite galette de patates douces pourpres, Petite galette de pommes de terre au jambon, etc.

I. Ingrédients

Ingrédient principal: 12 côtelettes de veau

Assaisonnements: 2 tranches de toast, 2 œufs, 4 poivrons rouges ou jaunes, 40g de pâte aux fèves et aux piments de Pixian hachée, 10g de gingembre haché, 20g de gousses d'ail hachées, 30g de ciboule hachée, 10g de cognac, 30g de vin rouge sec, 120g de sauce mayonnaise, des salades, 1litre d'huile d'arachide (environ 100g de consommation)

II. Ustensiles et matériels de cuisine

1 sautoir, 1 calotte, 1 friteuse, 1 cuisinière à gaz, 1 spatule ajourée, 1 cuillère en bois, 1 assiette

III. Préparation

1. Chauffez l'huile d'arachide dans le sautoir, faites revenir la pâte aux fèves et aux piments de Pixian, jetez le gingembre haché, les gousses d'ail hachées, la ciboule hachée et mélangez bien, flambez avec le cognac pour apporter du parfum d'alcool, versez le vin rouge sec et laissez cuire et réduire la sauce à 1/3 du volume initial, retirer du feu et laissez la sauce de pâte à refroidir.

2. Détaillez le toast en petits cubes de 0.5cm; Taillez les salades en juliennes; Otez le pédoncule, les graines et les parties blanches pour creuser les poivrons; Fouettez les œufs; Battez doucement les côtelettes pour les faire lâcher en utilisant le couteau, mélangez-les avec la sauce de pâte cuite, laissez macérer pendant 2 heures.

3. Retirez les côtelettes macérées, trempez-les dans l'œuf battu et enrobez avec des cubes de toast, mettez-les dans l'huile préalablement chauffée à 150℃ et faites-les frire jusqu'à ce qu'elles soient dorées, croustillantes à l'extérieur et tendres à l'intérieur. Egouttez l'excès d'huile et réservez-les.

4. Mettez la sauce mayonnaise dans les poivrons, garnissez de juliennes de salade en les mettant au-dessus les côtelettes de veau frites.

IV. L'astuce du chef

1. C'est nécessaire de choisir les côtelettes de veau pour obtenir une texture juteuse et fondante.

2. Contrôlez la salure de la pâte aux fèves et aux piments de Pixian.

酸菜鱼

酸菜鱼是极具四川风味特点的鱼类菜肴，流行于二十世纪九十年代初，以其特有的调味方式和独特的烹调技法而著称。烹制中以鲜鱼为主料，配以四川泡青菜煮制而成。成菜肉质细嫩、爽滑，汤汁酸香、鲜美，口感微辣、不腻。

此菜可与干白葡萄酒和香槟酒配搭，也可以和牛肉焦饼、葱香花卷等小吃配搭食用。

制作方法

1. 泡青菜切成长约5厘米的段；鸡蛋取蛋清；野山椒、大蒜、大葱分别切碎备用。

2. 将银鳕鱼柳切成大块，加食盐、胡椒粉、鸡蛋清、料酒、玉米淀粉拌匀。

3. 少司锅置中火上，加花生油烧热，先放野山椒炒香，再加姜碎、蒜碎5克、葱碎5克和花椒炒匀，下鱼骨和泡青菜炒出香味后放入高汤煮沸，加食盐、胡椒粉、白糖和鸡精调匀，煮15分钟后捞出鱼骨。

4. 将鱼柳放入煮沸的鱼汤中，送入180℃的烤炉内烤6分钟后取出，连汤一同装入热汤碗内，撒上余下的葱碎、蒜碎即成。

大厨支招

1. 除了银鳕鱼，也可选用石斑鱼、海鲈鱼、大比目鱼、真鲷鱼等鱼类，口味均佳。

2. 煮鱼的酸菜汤要加鱼骨熬煮，鱼骨越多，则鱼汤越鲜美，但不宜久煮，以免煮出鱼骨的涩味。

3. 鱼柳烤制时间不宜过长，以刚熟为佳。

4. 菜肴的风味以鱼肉细嫩、汤鲜味浓、咸鲜微辣、略带酸香、回口略甜为佳。

食材与工具

分 类	原料名称	用量（克）
主 料	银鳕鱼柳	300
	野山椒	20
	泡青菜	80
	鸡 蛋	60
	玉米淀粉	30
	鱼 骨	200
	姜 碎	3
	大 蒜	10
	大 葱	10
调辅料	花 椒	1
	食 盐	1
	胡椒粉	1
	白 糖	2
	鸡 精	1
	料 酒	4
	花生油	50
	鱼高汤	400
工 具	不锈钢汁盆、少司锅、烤炉、燃气灶、煎铲、木搅板、汤碗	

Fish with Pickled Sichuan Mustard is a Sichuan-style fish dish. Its unique seasoning method has been popular since early 1990s. With fresh fish and pickled Sichuan mustard as the main ingredients, this dish is savory, sour, slightly hot and refreshing.

This dish goes well with the dry white wine, champagne, or snacks like the Chinese Griddle Cake with Beef Stuffing, the Scallion Flavor Steamed Huajuan (Flower Roll).

Fish with Pickled Sichuan Mustard

I. Ingredients

Main ingredient: 300g codfish fillets

Auxiliary ingredients and seasonings: 20g Sichuan Tabasco peppers, 80g pickled Sichuan mustard greens, 60g egg, 30g cornstarch, 200g fish bones, 3g ginger (finely chopped), 10g garlic, 10g scallion, 1g Sichuan peppercorns, 1g salt, 1g white pepper powder, 2g sugar, 1g granulated chicken bouillon, 4g cooking wine, 50g peanut oil, 400g fish fumet

II. Cooking utensils and equipment

1 stainless steel soup basin, 1 sauce pan, 1 oven, 1 gas cooker, 1 slotted spatula, 1 wooden spoon, 1 serving soup bowl

III. Preparation

1. Cut pickled mustard greens into 5cm-long sections. Leave the egg white. Chop Tabasco peppers, garlic and scallion respectively.

2. Cut codfish fillets into chunks, mix well with salt, white pepper powder, egg white, cooking wine and cornstarch.

3. Heat the sauce pan over a medium heat, add peanut oil and wait till it is hot. Firstly add Sichuan Tabasco peppers to stir-fry till aromatic, secondly add ginger, 5g garlic, 5g scallion and Sichuan peppercorns to stir-fry well. Thirdly add fish bones and pickled mustard greens to stir-fry till aromatic, fourthly add fish fumet to bring to a boil, blend in salt, white pepper powder, sugar and granulated chicken bouillon. Braise 15 minutes then ladle out the fish bones.

4. Slide the fillets in the boiling fish soup, roast in 180℃ oven for 6 minutes. Pour the contents into the preheated soup bowl, sprinkle with scallion and garlic.

IV. Tips from the chef

1. Codfish may be substituted with grouper, sea bass, flatfish, bream, etc.

2. Fish bones are used for enhancing the flavor. The more fish bones you add, the better. But do not braise too long time to bring out the astringent flavor.

3. Control the roast time till the codfish is just cooked.

4. The best taste of this dish is savory, sour, slightly hot and sweet.

Poissons à la soupe de pickles du Sichuan

Poissons à la soupe de pickles du Sichuan est une recette de poisson spéciale du Sichuan. Sa façon d'assaisonnement particulier et sa cuisson unique ont rendu populaire à partir des années 90 du 20ème siècle. L'ingrédient principal de la confection est le poisson frais, cuit avec des pickles du Sichuan. c'est un plat légèrement épicé, pas gras, dont la viande est tendre, accompagné de la sauce succulente et aigre.

Ce plat peut aller avec le vin blanc sec et le champagne, et aussi avec des collations chinoises comme Galette frite farcie de bœuf, Rouleau de ciboule hachée à la vapeur, etc.

I. Ingrédients

Ingrédient principal: 300g de filet de cabillaud

Assaisonnements: 20g de piment tabasco du Sichuan, 80g de pickles verts, 60g des œufs, 30g d'amidon de maïs, 200g d'arêtes de poisson, 3g de gingembre haché, 10g de gousses d'ail hachées,10g de ciboule, 1g de poivre du Sichuan, 1g de sel, 1g de poivre en poudre, 2g de sucre, 1g de bouillon de poulet granulé, 4g de vin de cuisine, 50g d'huile d'arachide, 400g de fumet de poisson

II. Ustensiles et matériels de cuisine

1 calotte, 1 russe moyenne, 1 four, 1 cuisinière à gaz, 1 spatule ajourée, 1 cuillère en bois, 1 bol de soupe

III. Préparation

1. Coupez les pickles verts en segments de 5cm; Retirez le blanc des œufs; Hachez le piment tabasco du Sichuan, les gousses d'ail et la ciboule pour l'utilisation suivante.

2. Détaillez le filet de cabillaud en grands morceaux, mélangez-les bien avec le sel, le poivre, le blanc des œufs, le vin de cuisine et l'amidon de maïs.

3. Faites chauffer l'huile d'arachide dans la russe moyenne, jetez d'abord le piment tabasco du sichuan, suivi par le gingembre haché, 5g de gousses d'ail hachées, 5g de ciboule hachée et le poivre du Sichuan, faites revenir et mélangez-les bien. Plongez les arrêtes de poisson et les pickles et continuez de sauter, lorsque les arômes atteignent, versez le fumet de poisson et portez à ébullition, ajoutez le sel, le poivre en poudre, le sucre et le bouillon de poulet granulé, faites cuire pendant 15 min, ôtez les arrêtes.

4. Plongez le filet de cabillaud dans la soupe bouillie, enfournez-les pour 6min à 180℃, sortez puis versez au bol de soupe chaud, parsemez de ciboule hachée et de gousses d'ail hachées avant la présentation sur la table.

IV. L'astuce du chef

1. Vous pouvez aussi choisir le mérou, loup de mer, turbot et le flétan, qui sont aussi très bons.

2. Il est indispensable d'ajouter des arrêtes de poisson, plus d'arrêtes de poisson dans la soupe de pickles, plus la soupe est succulente, mais il ne faut pas de faire cuire longtemps puisque les arrêtes porteraient la note amer.

3. Contrôlez bien le temps de la cuisson au four, une fois c'est cuit, arrêtez la cuisson.

4. Le meilleur goût de ce plat est à la fois avec un goût succulent, aigre, un peu épicé, et avec une texture de poisson exquise et fondante, mais aussi accompagné d'un arrière-goût légèrement sucré.

蒜泥白肉条

蒜泥白肉是一道经典川菜。是用带皮猪后腿肉烹制而成，具有肉质细嫩、口味鲜香、色泽红亮、蒜味浓郁、香辣适口、回味略甜的特点。此菜可与干红葡萄酒或中国白酒配搭，也可以和红油水饺、三鲜猫耳面等小吃配搭食用。

食材与工具

分　类	原料名称	用量（克）
主　料	带皮猪五花肉或带皮后腿肉	250
调辅料	生姜块（拍破）	30
	大葱段	30
	花　椒	1
	料　酒	5
	鸡高汤	1000
	蒜　蓉	20
	绿豆芽	10
	食　盐	3
	白　糖	8
	酱　油	30
	红油辣椒	30
	芝麻油	5
工　具	少司锅、燃气灶、不锈钢滤网、菜盘	

制作方法

1. 少司锅中加高汤、食盐1克、生姜块、大葱段、花椒和料酒煮沸，放入带皮猪五花肉煮约20分钟，至皮软断生时，离火原汤浸泡20分钟，待冷透后取出，沥水备用；绿豆芽煮熟备用。

2. 将白糖、食盐、酱油拌匀，再加红油辣椒、蒜蓉、芝麻油调成蒜泥酱汁。

3. 将煮熟的带皮五花肉切成厚约1厘米的条，装盘后，放上绿豆芽，淋上蒜泥酱汁即成。

大厨支招

1. 选用带皮猪后腿肉或带皮五花肉均可，口感以肥而不腻，肉嫩鲜香为佳。

2. 猪肉应小火浸煮，以刚熟为佳。

3. 蒜泥酱汁以咸鲜微辣、口味略甜、蒜香浓郁为佳。

中國滋味
西式厨艺烹川菜

Pork Slivers in Garlic Sauce, a classic Sichuan dish, is cooked with pork leg with skin attached. With tender meat and lustrous oil, this dish has savory, spicy and garlic flavor and slightly sweet aftertaste.

This dish goes well with dry red wine, Chinese liquor, or snacks like Dumplings in Chili Sauce, Pasta Shells with Three Delicacies.

Pork Slivers in Garlic Sauce

I. Ingredients

Main ingredient: 250g pork belly or pork leg (skin-on)

Auxiliary ingredients and seasonings: 30g ginger pieces (crushed), 30g scallion (cut into sections), 1g Sichuan peppercorns, 5g cooking wine, 1000g chicken stock, 20g garlic (finely chopped), 10g mung bean sprouts, 3g salt, 8g sugar, 30g soy sauce, 30g chili oil, 5g sesame oil

II. Cooking utensils and equipment

1 sauce pan, 1 gas cooker, 1 stainless steel strainer, 1 serving dish

III. Preparation

1. Mix stock, 1g salt, ginger, scallion, Sichuan peppercorns and cooking wine in the sauce pan, bring to a boil. Add pork and continue to boil for 20 minutes till just cooked, remove the pan from heat. Soak the pork in broth for 20 minutes. Wait the pork becomes cool, ladle out and drain. Boil mung bean sprouts till just cooked.

2. Mix sugar, salt and soy sauce, add chili oil, garlic and sesame oil to make garlic-flavored sauce.

3. Cut the pork into 1cm-thick slivers, transfer to the serving dish and put mung bean sprouts. Pour the sauce over the pork.

IV. Tips from the chef

1. Both pork leg and pork belly are good choices.

2. Simmer pork till just cooked.

3. The sauce flavor is salty, savory, slightly hot and sweet taste.

Bâtonnets de porc à la purée d'ail

Porc à la purée d'ail est un plat classique de la cuisine du Sichuan. Ce plat originel est fait avec le rumsteck de porc avec la couenne, celui est caractérisé par sa texture de la viande moelleuse, sa couleur rouge brillante, son goût épicé, savoureux, fort de l'ail, et un l'arrière-goût légèrement sucré.

Ce plat peut aller avec le vin rouge sec ou l'alcool chinois, et aussi avec des collations chinoises comme Raviolis à la sauce pimentée, Soupe de 3 fruits de mer aux coquillettes, etc.

I. Ingrédients:

Ingrédient principal: 250g de poitrine de porc avec la couenne ou le rumsteck de porc avec la couenne

Assaisonnements: 30g de morceaux de gingembre aplatis, 30g de tronçons de ciboule, 1g de poivre du Sichuan, 5g de vin de cuisine, 1000g de fond blanc de volaille, 20g d'ail purée, 10g de germes de l'ambérique, 3g de sel, 8g de sucre, 30g de sauce de soja, 30g d'huile de piment rouge, 5g d'huile de sésame

II. Ustensiles et matériels de cuisine

1 russe moyenne, 1 cuisinière à gaz, 1 passoire, 1 assiette

III. Préparation

1. Versez le fond blanc de volaille dans la russe moyenne, ajoutez 1g de sel, les morceaux de gingembre, les tronçons de ciboule, le poivre du Sichuan et le vin de cuisine, portez à ébullition, plongez la poitrine de porc et laissez cuire pendant 20min jusqu'à ce que la couenne devienne tendre, hors du feu et laissez refroidir dans le bouillon pendant 20min, retirez la poitrine et l'égouttez; Cuisez les germes d'ambérique à l'anglaise juste qu'à ce qu'ils soient cuits.

2. Mêlez le sucre, le sel et la sauce de soja, puis mélangez avec l'huile de piment rouge, la purée d'ail, et l'huile de sésame pour la confection de la sauce d'ail.

3. Taillez la poitrine de porc avec la couenne cuite en bâtonnets de 1cm d'épaisseur, transférez dans l'assiette et dressez les germes de l'ambérique, arrosez de sauce d'ail.

IV. L'astuce du chef

1. Le choix du rumsteck ou de la poitrine de porc avec la couenne sont tous bien pour obtenir un goût fondant mais pas gras, et une texture de la viande subtile et moelleuse.

2. Il est préférable de faire cuire la poitrine à feu doux, arrêtez la cuisson lorsqu'elle est cuite.

3. La sauce d'ail devrait tenir un goût salé, un peu épicé et sucré, fort en ail.

太白鸡

太白鸡是一道传统川菜名肴，相传其得名与诗仙李白有关。唐代著名诗人李白幼时曾随其父迁居四川绵州江油市青莲乡定居，故号『青莲居士』，后人为了纪念这位伟大的诗人，精心创制了这道以诗仙字号命名的菜肴——太白鸡。

此菜可与干红葡萄酒或中国白酒配搭，也可以和荷叶夹、葱香花卷等小吃配搭食用。

食材与工具

分 类	原料名称	用量（克）
主 料	鸡腿肉	300
	泡辣椒	40
	干辣椒	5
	大 葱	40
	生姜块	30
	花 椒	1
	八 角	1
	白 糖	5
	醪糟汁	5
调辅料	料 酒	5
	食 盐	1
	胡椒粉	1
	鸡 精	1
	花生油	80
	清 水	50
	鸡高汤	200
	芝麻油	1
	冬 笋	100
	时鲜蔬菜	适量
工 具	平底煎锅、少司锅、烤炉、燃气灶、煎铲、木搅板、菜盘	

制作方法

1. 冬笋切成约3厘米大的块；干辣椒、泡辣椒去籽切成长约5厘米的段；生姜块洗净、拍破；大葱的葱白切成长约6厘米的段；鸡腿肉切成边长约6厘米大的块，加生姜、葱青叶、食盐、胡椒粉、料酒、花生油10克拌匀，腌制20分钟。

2. 先将白糖加10克花生油炒成棕红色焦糖，再加50克水煮化成焦糖糖浆备用。

3. 煎锅置中火上，加花生油烧热，放入鸡肉块煎至两面定型、色金黄时取出，沥油备用。

4. 少司锅中加花生油烧热，放入泡辣椒、干辣椒炒香，加葱白段、生姜块、花椒和八角炒匀，倒入鸡高汤煮沸，加焦糖糖浆、料酒、食盐、胡椒粉、醪糟汁、鸡精调匀，最后放入鸡肉、冬笋，送入160℃的烤炉内加盖烤制40分钟。

5. 待鸡肉和冬笋软熟入味后，取出装入热菜盘中；将汤汁煮稠成酱汁，淋汁后，用煮熟的时鲜蔬菜做盘头，装饰即成。

大厨支招

1. 炒制焦糖浆宜用小火，以糖浆成棕红色，味微甜、无苦味为佳。

2. 鸡肉用中火煎制，以外干香，内软嫩为佳。

3. 鸡肉和冬笋装盘后，用小火煮稠酱汁，以味咸鲜微辣，葱香味浓，带八角香味为佳。

4. 装盘时，煮过的泡辣椒和大葱可以用于装饰，但泡辣椒不宜食用。

Taibai Chicken

Taibai Chicken is a traditional Sichuan dish. It is said that this dish's name had something to do with a famous poet in the Tang Dynasty——Li Bai, whose nickname was Li Taibai. He moved to Sichuan with his father when he was young. He was considered saint poet after his death. Later generations invented this dish named after him to memorize this great poet.

This dish goes well with dry red wine, Chinese liquor, or snacks like Steamed Lotus Leaf Shaped Bun, Scallion Flavor Steamed Huajuan (Flower Roll).

I. Ingredients

Main ingredient:

300g leg quarter

Auxiliary ingredients and seasonings:

40g pickled chilies, 5g dried chilies, 40g scallion, 30g ginger pieces, 1g Sichuan peppercorns, 1g star aniseeds, 5g sugar, 5g fermented glutinous rice wine, 5g cooking wine, 1g salt, 1g white pepper powder, 1g granulated chicken bouillon, 80g peanut oil, 50g water, 200g chicken stock, 1g sesame oil, 100g winter bamboo shoots, fresh seasonal vegetables

II. Cooking utensils and equipment

1 frying pan, 1 sauce pan, 1 oven, 1 gas cooker, 1 slotted spatula, 1 wooden spoon, 1 serving dish

III. Preparation

1. Cut winter bamboo shoots into 3cm² pieces. Deseed dried chilies and pickled chilies, cut them into 5cm-long sections. Rinse ginger and crush it. Cut the white part of scallion into 6cm-long sections. Cut leg quarter into 6cm² pieces, mix well with ginger, scallion green leaves, salt, white pepper powder, cooking wine and 10g peanut oil, then marinate for 20 minutes.

2. Stir-fry sugar and 10g peanut oil into brown sugar caramel, then add 50g water to boil with caramel till it melts.

3. Heat the frying pan over a medium heat, add

peanut oil till it is hot. Slide in the chicken till the both sides are shaped and golden brown colored, then drain.

4. Heat peanut oil in the sauce pan till it is hot, add pickled chilies and dried chilies to stir-fry till aromatic, continue to add the white parts of scallion, ginger, Sichuan peppercorns and aniseeds to stir-fry. Pour in stock and bring to a boil, add caramel, cooking wine, salt, white pepper powder, fermented glutinous rice wine and granulated chicken bouillon and blend well. Add the chicken and the winter bamboo shoots at last. Roast in 160℃ oven for 40 minutes with a lid.

5. Roast till chicken and winter bamboo shoots are soft and have absorbed the flavor, transfer to the preheated serving dish. Boil the soup till thick to make sauce. Pour the sauce over the chicken, and decorate with boiled seasonal vegetables.

IV. Tips from the chef

1. Make brown sugar caramel over a low heat till it is reddish brown and tastes slightly sweet.

2. Use a medium heat to fry the chicken to have dry outside and tender inside.

3. Simmer the soup when making sauce. The best sauce flavor is salty, savoury and slightly hot.

4. The boiled pickled chilies and scallion are only used for decoration.

Poulet Taibai

Poulet Taibai est un plat traditionnel de la cuisine du Sichuan. Selon la légende, le nom de ce plat eut quelque histoire à voir avec un célèbre poète de la dynastie Tang-Li Baí, qui vit dans le Sichuan avec son père quand il fut jeune. Pour mémoriser ce grand poète, la postérité a créé ce plat nommé d'après son surnom-Taibai.

Ce plat peut aller avec le vin rouge sec et l'alcool chinois, et aussi avec des collations chinoises comme Brioche à la vapeur en forme de feuille de lotus et Rouleau de ciboule hachée à la vapeur, etc.

I. Ingrédients

Ingrédient principal: 300g de cuisse de poulet

Assaisonnements: 40g de pickles de piment rouge, 5g de piments rouges secs, 40g de ciboule,

30g de morceaux de gingembre, 1g de poivre du Sichuan, 1g d'anis étoilé, 5g de sucre, 5g de jus de riz gluant fermenté, 5g de vin de cuisine,1g de sel, 1g de poivre en poudre, 1g de bouillon de poulet

granulé, 80g d'huile d'arachide, 200g de fond blanc de volaille, 1g d'huile de sésame, 100g de pousses de bambou d'hiver, certains légumes de saison frais

II. Ustensile et matériels de cuisine

1 sauteuse, 1 russe moyenne, 1 four, 1 cuisinière à gaz, 1 spatule ajourée, 1 cuillère en bois, 1 assiette

III. Préparation

1. Détaillez les pousses de bambou d'hiver en morceaux de 3cm; Epépinez les piments rouges secs, les pickles de piment rouge, coupez-les en segments de 5cm; Lavez et aplatissez les morceaux de gingembre; Découpez le blanc de ciboule en tronçons de 6cm; Taillez la cuisse de poulet en grands morceaux de 6cm, ajoutez le gingembre, les feuilles de ciboule, le sel, le poivre du Sichuan, le vin de cuisine et 10g d'huile d'arachide, mêlez-les bien et laissez macérer pendant 20min.

2. Faites revenir le sucre dans l'huile d'arachide, quand c'est caramélisé, versez 50g d'eau pour réaliser le sirop caramélisé.

3. Chauffez l'huile d'arachide dans la sauteuse, faites dorer les morceaux de poulet sur deux faces pour qu'ils soient formés, retirez et égouttez-les.

4. Chauffez l'huile d'arachide dans la russe moyenne, faites revenir les pickles de piment rouge, les piments rouges secs jusqu'à ce qu'ils

soient parfumés, faites sauter les tronçons de blanc de ciboule, morceaux de gingembre, le poivre du Sichuan et l'anis étoilé en les mélangeant bien, puis versez le fond blanc de volaille pour porter à ébullition, ajoutez le sirop caramélisé, le vin de cuisine, le sel, le poivre en poudre, le jus de riz gluant fermenté et le bouillon de poulet granulé, mélangez-les bien, ajoutez le poulet et les pousses de bambou d'hiver, enfournez-les 40 min à 160℃.

5. Une fois que le poulet et les pousses de bambou d'hiver sont cuits, arrêtez la cuisson et dressez les dans l'assiette chaude; Faire réduire la soupe pour réaliser la sauce épaisse, arrosez la sauce et garnissez de légumes frais cuits par terminer.

IV. L'astuce du chef

1. Il est préférable de faire sauter le sirop caramélisé à feu doux, il vaut mieux que le sirop tient une couleur rouge brune et un goût un peu sucré mais sans amer.

2. Faites sauter le poulet à feu moyen, juste suffisamment pour faire ressortir de bonne odeur, tout en gardant l'intérieur tendre.

3. Réduisez la sauce à feu doux. La meilleure saveur est salée, légèrement épicée, en portant un parfum de l'anis étoilé.

4. Lorsque vous dégustez le plat, ne mangez pas les pickles de piment rouge.

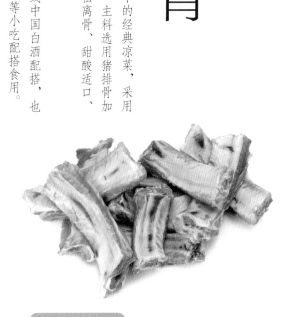

糖醋排骨

糖醋排骨是一道川菜中的经典凉菜，采用热制冷吃的方法加工而成。主料选用猪排骨加工制作，成菜具有肉质酥松离骨、甜酸适口、四季皆宜的特点。

此菜可与干红葡萄酒或中国白酒配搭，也可以和红油水饺、淋味春卷等小吃配搭食用。

制作方法

1. 猪排斩成长约8厘米的段，放入沸水中焯水后捞出备用。

2. 将猪排加生姜块、大葱段、花椒、食盐10克、料酒30克浸渍1小时至入味，加鸡高汤在蒸柜中蒸25分钟，待肉离骨时，取出沥水，去除姜块、葱段备用。

3. 煎锅置旺火上，加花生油烧热，放入猪排煎至金黄色时取出。

4. 少司锅置中火上，加花生油30克烧热，放入白糖炒成棕红色糖浆，放入排骨、高汤400克煮沸，加食盐5克、醋150克、料酒20克调匀，送入180℃的烤炉内加盖烤制40~50分钟。

5. 至汤汁浓稠粘匀时，加入芝麻油和醋50克炒匀，出锅晾凉后，撒上熟芝麻拌匀，装盘即成。

大厨支招

1. 带骨猪排蒸至肉离骨时取出，也可用煮的办法制作。

2. 炒制糖浆宜用小火，糖浆成棕红色时即可，切忌炒焦。

3. 用糖浆焖烤排骨时，应避免糖浆焦煳，注意控制好火候。

4. 这道菜适合凉透后食用，因为凉透后猪排中的糖浆更浓稠，风味也更佳。

食材与工具

分 类	原料名称	用量（克）
主 料	带骨猪排	300
调辅料	生姜块（拍破）	30
	大葱段	100
	花 椒	2
	食 盐	15
	白 糖	200
	醋	200
	料 酒	50
	熟白芝麻	50
	芝麻油	10
	鸡高汤	1500
	花生油	200
工 具	平底煎锅、少司锅、烤炉、燃气灶、煎铲、木搅板、蒸柜、菜盘	

Sweet-and-Sour Spareribs is a classic Sichuan cold dish. This dish has tender meat, sweet and sour taste, which is popular in all seasons.

This dish goes well with dry red wine, Chinese liquor, or snacks like Dumplings in Chili Sauce, Fresh Spring Roll in Chili Sauce.

Sweet-and-Sour Spareribs

I. Ingredients

Main ingredient: 300g pork spareribs

Auxiliary ingredients and seasonings: 30g ginger pieces (crushed), 100g scallion (cut into sections), 2g Sichuan peppercorns, 15g salt, 200g sugar, 200g vinegar, 50g cooking wine, 50g roasted white sesame seeds, 10g sesame oil, 1500g chicken stock, 200g peanut oil

II. Cooking utensils and equipment

1 frying pan, 1 sauce pan, 1 oven, 1 gas cooker, 1 slotted spatula, 1 wooden spoon, 1 steamer, 1 serving dish

III.Preparation

1. Cut spareribs into 8cm-long sections. Blanch, and ladle out.

2. Marinate spareribs with ginger, scallion, Sichuan peppercorns, 10g salt and 30g cooking wine for 1 hour. Add stock and steam 25 minutes in the steamer till the meat loosens from bone, then ladle out and drain. Remove ginger and scallion.

3. Heat the frying pan over a high heat, add peanut oil till it is hot. Add spareribs to stir-fry till golden brown.

4. Heat the sauce pan over a medium heat, add 30g peanut oil till it is hot. Add sugar and stir-fry to make reddish brown caramel. Add spareribs and 400g stock then bring to a boil, mix well with 5g salt, 150g vinegar, 20g cooking wine. Roast in 180℃ oven for 40~50 minutes with a lid.

5. When the sauce becomes thick, add sesame oil and 50g vinegar to stir-fry well. Sprinkle with roasted sesame seeds when it cools. Transfer to the serving dish.

IV. Tips from the chef

1. Both braising and steaming can work.

2. Make caramel over a low heat till it is reddish brown.

3. Control the heat when cook spareribs with caramel.

4. Serve the dish when it is thoroughly cool for the flavor is better when the caramel is denser.

Travers de porc aigres-doux

Travers de porc aigres-doux est un plat froid traditionnel du Sichuan, façonné en chaud et servi en froid après le refroidissement. Ce plat se caractérise par son goût aigre-doux, sa texture tendre et croustillante. qui convient d'être servi pour toutes saisons.

Ce plat peut aller avec le vin rouge sec et l'alcool chinois, et aussi avec des collations chinoises comme Rouleau de printemps à la sauce épicée, Raviolis à la sauce pimentée, etc.

I. Ingrédients

Ingrédient principal: 300g de travers de porc

Assaisonnements: 30g de morceaux de gingembre aplatis, 100g de tronçons de ciboule, 2g de poivre du Sichuan, 15g de sel, 200g de sucre, 200g de vinaigre, 50g de vin de cuisine, 50g de graines de sésame blanc grillées, 10g d'huile de sésame, 1500g de fond blanc de volaille, 200g d'huile d'arachide

II. Ustensiles et matériels de cuisine

1 sauteuse, 1 russe moyenne, 1 four, 1 cuisinière à gaz, 1 spatule ajourée, 1 cuillère en bois, 1 combi-four à vapeur, 1 assiette

III. Préparation

1. Taillez les travers de porc en sections de 8cm, faites-les blanchir dans l'eau bouillante puis retirez-les pour l'utilisation suivante.

2. Macérez les sections des travers avec les morceaux de gingembre, les tronçons de ciboule, le poivre du Sichuan, 10g de sel, 30g de vin de cuisine pendant 1heure pour l'absorption des arômes. Versez le fond blanc de volaille et mettez-les à la vapeur 25min, lorsque les os et la viande se séparent, retirez et égouttez-les, réservez les morceaux de gingembre et les tronçons de ciboule pour l'utilisation suivante.

3. Préchauffez la sauteuse à feu vif et ajoutez de l'huile d'arachide, faites dorer les travers de porc et les retirez.

4. Chauffez 30g d'huile d'arachide dans la russe moyenne et sautez le sucre pour faire le sirop caramélisé, ajoutez les travers de porc, 400g de fond blanc de volaille, amenez à ébullition, ajoutez 5g de sel, 150g de vinaigre, 20g de vin de cuisine et bien mélangez, enfournez avec le couvercle pendant 40~50 min à 180℃.

5. Lorsque l'obtention une consistance épaisse, mélangez-les avec l'huile de sésame et 50g de vinaigre, sortez et laissez-les refroidir, pour terminer, parsemez de graines de sésame grillées.

IV. L'astuce du chef

1. L'étape de la cuisson à la vapeur des travers de porc peut être aussi remplacée par l'ébullition.

2. Ça vaux mieux de faire le sirop caramélisé à feu doux pour atteindre la rouge brune, surtout de ne le brûler pas.

3. Contrôlez bien la température cuisson au four pour ne pas brûler le sirop.

4. C'est mieux de déguster ce plat après le refroidissement parce que le sirop sera plus filant, ce qui permet d'un meilleur goût.

香草豆瓣烤羊排

香草豆瓣烤羊排是将西餐传统的『香草烤羊排』和川菜的风味调味酱——郫县豆瓣相融合制作而成。成菜色泽金黄、外酥里嫩、咸鲜味浓、略带麻辣、风味浓厚。

此菜可与干红葡萄酒或中国白酒搭配，也可以和香酥紫薯饼、火腿土豆饼等小吃配搭食用。

食材与工具

分　类	原料名称	用量（克）
主　料	带骨小羊排	12（支）
调辅料	面包糠	100
	黄　油	80
	法香碎	30
	迷迭香香草碎	2
	香葱碎	30
	干红椒粉	3
	花椒粉	1
	孜然粉	2
	郫县豆瓣蓉	40
	姜　碎	10
	蒜　碎	20
	大葱碎	30
	白兰地酒	10
	干红葡萄酒	30
	橄榄油	80
	时鲜蔬菜	适量
工　具	平底煎锅、少司锅、面火焗炉、燃气灶、煎铲、蛋抽、木搅板、菜盘	

制作方法

1. 少司锅中加橄榄油烧热，放入郫县豆瓣蓉炒香，加姜碎、蒜碎、大葱碎炒匀，倒入白兰地酒点燃，烧出酒香味，加干红葡萄酒煮至原体积的1/3时，离火加入干红椒粉2克、花椒粉1克、孜然粉1克、迷迭香香草碎1克拌匀，冷却后成豆瓣麻辣风味酱。

2. 将黄油用蛋抽搅匀，加入法香碎、迷迭香碎、香葱碎、红椒粉1克、孜然粉1克，最后加面包糠拌匀成香草风味黄油酱。

3. 将带骨小羊排的肉用刀拍松，加豆瓣麻辣风味酱拌匀，腌制2小时备用。

4. 将腌制好的小羊排取出，放入热油中煎至两面定型、上色，约5成熟时取出，表面抹上香草风味黄油酱，送入已经预热的面火焗炉中焗制。

5. 待羊排表面上色后，趁热迅速装盘即成。

大厨支招

1. 选用鲜嫩的小羊排作主料，可保证成菜肉嫩多汁的特点。

2. 注意郫县豆瓣的咸味，控制好口味。

Based on the western traditional dish "Roasted Lamb Chops", this dish adds Sichuan featured seasoning—Pixian chili bean paste. The lamb has golden brown color, crispy outside and tender inside. It tastes salty, savory and slightly hot.

This dish goes well with dry red wine, Chinese liquor, or snacks like Crispy Purple Sweet Potato Cake and Potato Cake with Ham.

Parsley Butter Flavored Lamb Chops with Chili Bean Paste

I. Ingredients

Main ingredient: 12 lamb chops (bone-in)

Auxiliary ingredients and seasonings: 100g breadcrumbs, 80g butter, 30g parsley flakes, 2g rosemary flakes, 30g chive (finely chopped), 3g chili powder, 1g Sichuan pepper powder, 2g cumin powder, 40g Pixian chili bean paste (finely chopped), 10g ginger (finely chopped), 20g garlic (finely chopped), 30g scallion (finely chopped), 10g cognac, 30g dry red wine, 80g olive oil, fresh seasonal vegetables

II. Cooking utensils and equipment

1 frying pan, 1 sauce pan, 1 salamander cooker, 1 gas cooker, 1 slotted spatula, 1 egg whisk, 1 wooden spoon, 1 serving dish

III. Preparation

1. Heat olive oil in the sauce pan till it is hot, add Pixian chili bean paste to stir-fry till aromatic. Add ginger, garlic and scallion to stir-fry well. Pour in cognac and light it on fire to bring out the wine fragrance. Then add dry red wine and boil till 1/3 of the wine remains. Remove from heat and mix well with 2g chili powder, 1g Sichuan pepper powder, 1g cumin powder and 1g rosemary flakes. It becomes the chili bean paste flavor sauce when cools.

2. Beat butter with egg whisk, add parsley, rosemary, chive, 1g chili powder, 1g cumin powder and breadcrumbs to blend well to make parsley butter flavored paste.

3. Pat lamb chops to loosen fibres, mix with the chili bean paste flavor sauce, then marinate for 2 hours.

4. Fry the marinated lamb chops in hot oil till both sides are shaped and colored. Remove when the lamb chops are half cooked, brush all over with the parsley butter flavored paste. Bake in the preheated salamander cooker.

5. When the lamb chops' surface is colored, transfer to the serving dish right away.

IV. Tips from the chef

1. Select tender lamb chops.

2. Do not add too much salt for Pixian chili bean paste is salty.

Côtelettes d'agneau rôties au beurre persillé et à la pâte aux fèves

Ce plat est basé sur le plat traditionnel occidental « Côtelettes d'agneau persillées », en ajoutant la sauce spéciale du Sichuan—pâte aux fèves et aux piments de Pixian. Ce plat tient une couleur dorée brillante, un goût croustillant à l'extérieur et tendre à l'intérieur, bien salé, légèrement piquant et savoureux.

Ce plat peut aller avec le vin rouge sec et l'alcool chinois, et aussi avec des collations chinoises comme Petite galette de patates douces pourpres, Petite galette de pommes de terre au jambon, etc.

I. Ingrédients

Ingrédient principal: 12 côtelettes d'agneau

Assaisonnements: 100g de chapelure, 80g de beurre, 30g de persil ciselé, 2g de romarin ciselé, 30g de ciboulette hachée, 3g de piment rouge en poudre, 1g de poivre en poudre, 2g de cumin en poudre, 40g de pâte aux fèves et aux piments de Pixian hachée, 10g de gingembre haché, 20g de gousses d'ail hachées, 30g de ciboule hachée, 10g de cognac, 30g de vin rouge sec, 80g d'huile d'olive, des légumes frais

II. Ustensiles et matériels de cuisine

1 sauteuse, 1 russe moyenne, 1 salamandre, 1cuisinière à gaz, 1 spatule ajourée, 1 fouet, 1 cuillère en bois, 1 assiette

III. Préparation

1. Faites chauffer l'huile d'olive et jetez la pâte aux fèves et aux piments de Pixian hachée, sautez-la pour faire ressortir des arômes, suivi par le gingembre haché, les gousses d'ail hachées et la ciboule hachée, mélangez-les bien, flambez avec le cognac, mouillez avec le vin rouge sec, laissez mijotez jusqu'à absorption deux tiers de volume, hors du feu, ajoutez 2g de piment rouge en poudre, 1g de poivre du Sichuan, 1g de cumin en poudre, 1g de romain ciselé, mêlez-les et laissez reposer à refroidir pour devenir la sauce de pâte aux fèves.

2. Fouettez le beurre, ajoutez le persil ciselé, romarin ciselé, ciboulette hachée, 1g de piment rouge en poudre et 1g de cumin en poudre, mélangez-les bien avec la chapelure pour la confection de la sauce de beurre persillé.

3. Battez les côtelettes d'agneau avec le couteau pour les faire lâcher, arrosez de sauce de la pâte aux fèves, laissez mariner 2 heures.

4. Retirez les côtelettes macérées, faites dorer et former dans l'huile chaude, retirez lorsque la viande est demi-cuite, badigeonnez de sauce de beurre persillé, faites-les cuire dans la salamandre préchauffée.

5. Lorsque les côtelettes sont bien colorées, sortez du four et transférez dans l'assiette rapidement, servez assez chaud.

IV. L'astuce du chef

1. Il est nécessaire de choisir les côtelettes d'agneau pour obtenir un goût succulent.

2. Contrôlez bien la salure de la pâte aux fèves.

鱼香牛扒

鱼香牛扒是一道将传统川菜与西餐相结合的创新川菜。

其创意来源于传统川菜中的特色风味菜肴——鱼香肉丝。

本菜将法式西餐中鲜嫩的牛扒和川式经典的鱼香酱汁巧妙融合，由此形成了这款风味别具的创新菜肴。

此菜可与干红葡萄酒或中国白酒搭配，也可以和香酥紫薯饼、火腿土豆饼等小吃配搭食用。

制作方法

1. 将小牛里脊肉切成重约150克的块，加料酒、黑胡椒碎腌制备用；生姜、大蒜、大葱分别切碎；泡辣椒去籽后剁成细蓉。

2. 少司锅中加花生油烧热，放入泡辣椒蓉炒香，加姜碎、蒜碎、葱碎炒制均匀，倒入牛高汤煮沸，加酱油、白糖、醋、黄油面酱调匀，送入160℃的烤炉内加盖烤制10分钟，煮稠后成鱼香味酱汁。

3. 煎锅置中火上，加油烧热；将牛肉撒上食盐后放入热油中煎至所需要的成熟度。

4. 将煎好的牛肉装入热菜盘中，配以煮熟的时鲜蔬菜和鱼香味酱汁即成。

大厨支招

1. 泡辣椒需去籽、剁蓉，用小火炒香，至油色红亮时再加其余的调料炒制。

2. 鱼香味是以咸鲜微辣，略带甜酸，姜、葱、蒜味浓郁为佳。其中，生姜、大蒜和大葱的比例是1∶2∶3。

3. 牛扒可以根据不同口味要求煎制成一分熟、三分熟、五分熟、七分熟或全熟。

食材与工具

分　类	原料名称	用量（克）
主　料	小牛里脊肉	300
调辅料	泡辣椒	60
	生　姜	10
	大　蒜	20
	大　葱	30
	白　糖	20
	醋	15
	酱　油	10
	料　酒	30
	食　盐	1
	黑胡椒碎	2
	牛高汤	250
	黄油面酱	30
	花生油	80
	时鲜蔬菜	适量
工　具	平底煎锅、少司锅、烤炉、燃气灶、煎铲、木搅板、菜盘	

中國滋味
西式厨艺烹川菜

Steak with Fish Flavor Sauce is an innovative dish, which was inspired by a traditional Sichuan dish—Pork Slivers in Fish–Flavor Sauce. This unique dish is cooked with the French style tender steak and classic Sichuan fish–flavor sauce.

This dish goes well with dry red wine, Chinese liquor, or snacks like Crispy Purple Sweet Potato Cake and Potato Cake with Ham.

Steak with Fish Flavor Sauce

I. Ingredients

Main ingredient: 300g veal tenderloin

Auxiliary ingredients and seasonings: 60g pickled chilies, 10g ginger, 20g garlic, 30g scallion, 20g sugar, 15g vinegar, 10g soy sauce, 30g cooking wine, 1g salt, 2g black pepper powder, 250g beef stock, 30g blond roux, 80g peanut oil, fresh seasonal vegetables

II. Cooking utensils and equipment

1 frying pan, 1 sauce pan, 1 oven, 1 gas cooker, 1 slotted spatula, 1 wooden spoon, 1 serving dish

III. Preparation

1. Cut veal tenderloin into about 150g pieces, mix with cooking wine and black pepper powder to marinate. Chop ginger, garlic and scallion respectively. Deseed and chop pickled chilies.

2. Heat peanut oil in the sauce pan till it is hot, add pickled chilies to stir-fry till aromatic. Add ginger, garlic and scallion to stir-fry well. Pour in beef stock and bring to a boil, mix well with soy sauce, sugar, vinegar and blond roux. Roast the sauce in 160℃ oven with lid for 10 minutes. Reduce it to make fish-flavor sauce.

3. Heat the frying pan over a medium heat, add peanut oil and wait till it is hot. Sprinkle salt over veal, slide in the pan and fry to the desired degree.

4. Transfer the veal to the preheated serving dish, garnish with boiled vegetables and fish-flavor sauce.

IV. Tips from the chef

1. Deseed and chop pickled chilies, and stir-fry over a low heat till aromatic and lustrous before adding the rest seasonings.

2. The best taste of fish-flavor sauce is salty, savory, slightly hot, a little sour and sweet. The proportion of ginger, garlic and scallion is 1∶2∶3.

3. Fry veal to the degree that you prefer, such as rare, medium rare, medium, medium well and well done.

Steak à la sauce parfumée du poisson

Steak à la sauce parfumée du poisson est une recette innovante inspirée d'un plat spécial de la cuisine traditionnelle du Sichuan-Porc en juliennes sauté à la saveur parfumée du poisson. Cette recette fusionne subtilement le steak tendre de la cuisine française avec la sauce parfumée du poisson de manière classique du Sichuan, cette confection créative attribue une saveur spéciale et exceptionnelle.

Ce plat peut aller avec le vin rouge sec ou l'alcool chinois, et aussi avec des collations chinoises comme Petite galette de patates douces pourpres, Petite galette de pommes de terre au jambon, etc.

I. Ingrédients

Ingrédient principal: 300g de filet de veau

Assaisonnements: 60g de pickles de piment rouge, 10g de gingembre, 20g de gousses d'ail, 30g de ciboule, 20g de sucre, 15g de vinaigre, 10g de sauce de soja, 30g de vin de cuisine, 1g de sel, 2g de poivre noire concassé, 250g de fond blanc de veau, 30g de roux blond, 80g d'huile d'arachide, des légumes frais

II. Ustensiles et matériels de cuisine

1 sauteuse, 1 russe moyenne, 1four, 1 cuisinière à gaz, 1 spatule ajourée, 1 cuillère en bois, 1 assiette.

III. Préparation

1. Détaillez le veau en morceaux d'environ 150g, macérez-les avec le vin de cuisine et le poivre noire concassé; Hachez le gingembre, les gousses d'ail et la ciboule; Epépinez les pickles de piment rouge et hachez-les finement.

2. Arrosez l'huile d'arachide dans la russe moyenne et la faites chauffer, jetez les pickles de piment hachés et faites revenir jusqu'à ce qu'ils soient parfumés, ajoutez le gingembre haché, les gousses d'ail hachées, la ciboule hachée, continuez

de faire sauter et bien mélangez, versez le fond blanc de veau et portez à ébullition, ajoutez la sauce de soja, le sucre, le vinaigre et le roux blond, mixez-les bien, mettez-les au four à 160℃ pendant 10min pour obtenir une consistance onctueuse afin de réaliser la sauce à la saveur parfumée du poisson.

3. Faites chauffer de l'huile dans la sauteuse, saupoudrez de sel sur les morceaux de veau puis faites-les revenir au degré de cuisson préféré.

4. Transférez les morceaux de veau dans l'assiette chaude, accompagnés de légumes frais cuits et de sauce parfumée du poisson.

IV. L'astuce du chef

1. C'est nécessaire d'épépiner et hacher les pickles de piment rouge, il faut sauter sur feu doux jusqu'à faire ressortir des arômes, ajoutez les autres assaisonnements lorsque l'huile est devenue rouge brillante.

2. Le meilleur goût à la sauce parfumée du poisson est salé, subtil, légèrement pimenté et aigre-doux, en apportant une saveur de gingembre, d'ail et de ciboule forte, dont la proportion devrait être 1 : 2 : 3.

3. Vous pouvez faire cuire le veau selon votre degré préféré comme saignant, à point, rosé, cuit, bien cuit.

鱼香茄饼

鱼香茄饼是一道四川人居家常见的菜肴。其做法是将茄子切成连刀片，然后在茄子片中间酿入调好的肉馅，再裹上蛋糊炸制，配以风味浓厚的鱼香酱汁同食。

此菜可与干红葡萄酒或中国白酒配搭，也可以和八宝粥、醉八仙等小吃配搭食用。

食材与工具

分类	原料名称	用量（克）
主料	茄子	120
	牛肉碎	120
	鸡蛋	120
	玉米淀粉	100
	泡辣椒蓉	60
	姜碎	10
	蒜碎	20
	葱碎	30
	白糖	20
	醋	15
调辅料	酱油	10
	料酒	30
	食盐	1
	鸡精	1
	黑胡椒碎	2
	牛高汤	250
	黄油面酱	30
	花生油	1000（约耗150克）
	时鲜蔬菜	适量
工具	不锈钢汁盆、少司锅、炸炉、燃气灶、煎铲、木搅板、菜盘	

制作方法

1. 在牛肉碎中加入料酒、食盐、鸡精、黑胡椒碎、鸡蛋液调匀成肉馅；将鸡蛋液、玉米淀粉调匀成蛋糊。

2. 少司锅中加花生油烧热，放入泡辣椒蓉炒香，加姜碎、蒜碎、葱碎炒匀，倒入牛高汤煮沸，加酱油、白糖、醋、黄油面酱调匀，送入160℃的烤炉内加盖加热10分钟，煮稠后成鱼香味酱汁。

3. 将茄子切成两刀一断的连刀片，连刀片中酿入牛肉馅，粘匀面糊后，成茄子盒备用。

4. 锅中加花生油1000克烧热，将茄子盒放入150℃的热油中，在炸炉上炸至浅黄色时取出备用。

5. 上菜前，将茄子盒再次放入160℃的热油中炸成金黄色，装入热菜盘中，配以煮熟的时鲜蔬菜和鱼香味酱汁即成。

大厨支招

1. 用鸡蛋液和玉米淀粉调成的蛋糊，其浓稠度以成糊状为佳。

2. 茄子盒中的牛肉馅不宜酿入过多，否则不易炸熟炸透。

3. 在茄子盒上粘裹蛋糊应在炸制时进行，时间不宜过早，以免茄子吐水。

This is a common homemade food in Sichuan. The cooking way is: cut an eggplant into thick sections, and then divide each section into two halves from the center, stuff the filling into the eggplants, and coat them with batter to deep-fry. Serve it with fish-flavor sauce.

This dish goes well with dry red wine, Chinese liquor, or snacks like Eight Treasures Congee, Drunken Eight mmortals (Braised Eight Fruits with Glutinous Rice Wine).

Eggplant Fritters in Fish-Flavor Sauce

I. Ingredients

Main ingredient: 120g eggplants

Auxiliary ingredients and seasonings: 120g minced beef, 120g eggs, 100g cornstarch, 60g pickled chilies (finely chopped), 10g ginger (finely chopped), 20g garlic (finely chopped), 30g scallion (finely chopped), 20g sugar, 15g vinegar, 10g soy sauce, 30g cooking wine, 1g salt, 1g granulated chicken bouillon, 2g black pepper powder, 250g beef stock, 30g blond roux, 1000g peanut oil (about 150g consumption), fresh seasonal vegetables

II. Cooking utensils and equipment

1 stainless steel soup basin, 1 sauce pan, 1 deep-fryer, 1 gas cooker, 1 slotted spatula, 1 wooden spoon, 1 serving dish

III. Preparation

1. Mix minced beef with cooking wine, salt, granulated chicken bouillon, beaten egg to make meat stuffing. Blend the beaten egg and cornstarch into batter.

2. Heat peanut oil in the sauce pan till it is hot, add pickled chilies to stir-fry till aromatic, and continue to add ginger, garlic and scallion to stir-fry. Pour in stock and bring to a boil, mix well with soy sauce, sugar, vinegar and blond roux to make sauce. Roast the sauce in 160℃ oven with lid for 10 minutes. Reduce it till thickened to make fish-flavor sauce.

3. Cut eggplants into 2cm-thick sections, and then divide each section into two halves from the center without cutting off. Then stuff the filling into the eggplants. Coat the eggplant sections with batter.

4. Deep-fry the eggplants in 150℃ hot oil in deep-fryer till their surfaces are light yellow, remove.

5. Before serving, deep-fry the eggplants again in 160℃ hot oil till their surfaces are golden brown, transfer to the preheated serving dish. Serve with the boiled seasonal vegetables and the fish-flavor sauce.

IV. Tips from the chef

1. Use mushy batter.

2. Do not put too much beef stuffing in the eggplant sections, otherwise it will be hardly cooked through.

3. Coat the eggplant sections just before frying. Otherwise, water will come out from eggplants.

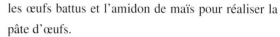
Petite galette d'aubergine frite à la sauce parfumée du poisson

Il s'agit d'un plat sichuannais de style fait maison. La méthode de confection est de découper l'aubergine en tranches comme la forme de papillon, les farcire avec du hachis, les enrober de pâte d'œufs puis les faire frire, ce plat est servi avec la sauce parfumée du poisson.

Ce plat peut aller avec le vin rouge sec ou l'alcool chinois, et aussi avec des collations chinoises comme Porridge sucrée aux huit ingrédients nourrissants, Huit immortels virés (huit fruits braisés dans le jus de riz gluant fermenté), etc.

I. Ingrédients

Ingrédient principal: 120g d'aubergines

Assaisonnements: 120 de bœuf haché, 120g d'œufs, 100g d'amidon de maïs, 60g de pickles de piment rouge hachés, 10g de gingembre haché, 20g de gousses d'ail hachées, 30g de ciboule hachée, 20g de sucre, 15g de vinaigre, 10g de sauce de soja, 30g de vin de cuisine, 1g de sel, 1g de bouillon de poulet granulé, 2g de poivre noire concassé, 250g de fond blanc de veau, 30g de roux blond, 1000g d'huile d'arachide (environ 150g de consommation), des légumes frais

II. Ustensiles et matériels de cuisine

1 calotte, 1 russe moyenne, 1 friteuse, 1 cuisinière à gaz, 1 spatule ajourée, 1 cuillère en bois, 1 assiette

III. Préparation

1. Mélangez le bœuf haché avec le vin de cuisine, le sel, le bouillon de poulet granulé, le poivre noire concassé et les œufs battus; Mixez bien

les œufs battus et l'amidon de maïs pour réaliser la pâte d'œufs.

2. Faites chauffer l'huile d'arachide dans la russe moyenne, faites revenir les pickles de piment rouge hachés jusqu'à faire ressortir des arômes, jetez le gingembre haché, les gousses d'ail hachées, la ciboule hachée et faites sauter, versez le fond blanc de veau et portez à ébullition, ajoutez la sauce de soja, le sucre, le vinaigre, le roux blond et les mêlez bien, enfournez-les à 160℃ pendant 10min, laissez réduire pour faire la sauce parfumée du poisson.

3. Découpez les aubergines en tranches comme la forme de papillon, farcissez avec du bœuf haché, enrobez-les de pâte d'œufs en forme de petite galette.

4. Faites chauffer 1000g d'huile d'arachide dans la friteuse, faites frire les petites galettes d'aubergines, elles doivent être juste dorées, puis sortez-les.

5. Avant de les présenter à la table, faites encore frire les petites galettes d'aubergines à 160℃, puis les transférez dans l'assiette chaude, servez avec la sauce parfumée du poisson et les légumes cuits.

IV. L'astuce du chef

1. La consistance des œufs et de l'amidon de maïs doit être juste épaisse.

2. Il ne faut pas farcir trop de bœuf haché, cela risque d'être difficilement cuit.

3. Il ne faut pas de tremper les aubergines dans la pâte d'œufs trop tôt, le mieux est de les enrober en les faisant frire.

八宝瓤梨

八宝瓤梨是以梨为主料制成的甜品类菜肴，菜品中配以香软的糯米、蜜饯，具有润肺、止咳的功效，体现了中国『药食同源』的传统。

此品可与高甜度酒配搭，也可与成都汉堡包搭配食用。

食材与工具

分 类	原料名称	用量（克）
主 料	雪 梨	1（个）约150克
	糯 米	25
调辅料	什锦蜜饯	10
	白 糖	50
工 具	蒸柜、少司锅	

制作方法

1. 糯米洗净，用清水浸泡2小时备用；将整只雪梨去皮、去核，以清水浸泡备用。

2. 什锦蜜饯切成小颗粒，加入糯米拌匀，填入雪梨中，入蒸柜蒸制45分钟出柜；另将白糖放入少司锅里加水熬成浓稠的糖浆，淋于雪梨上，配以饰品装盘即成。

大厨支招

1. 糯米需浸泡，使其充分吸收水分利于蒸制成熟，蒸制时要一气呵成。

2. 雪梨去皮、去核过程中要注意保色。

3. 可将白糖改为其他糖类。

4. 可以用多功能蒸烤炉来制作。

Pear Stuffed with Eight Preserved Fruits is a dessert. It is cooked with soft glutinous rice and preserved fruits. This dish can be treated as medicine to provide health benefits.

This dish goes well with strong sweet wine or Chengdu Hamburger.

Pear Stuffed with Eight Preserved Fruits

I. Ingredients

Main ingredients: 1 pear (about 150g), 25g glutinous rice

Auxiliary ingredients and seasonings: 10g assorted preserved fruits, 50g sugar

II. Cooking utensils and equipment

1 steamer, 1 sauce pan

III. Preparation

1. Wash glutinous rice, and soak in water for 2 hours. Peel and core pear, then soak in water.

2. Dice assorted preserved fruits, mix with glutinous rice and blend well. Stuff pear with the mixture, and steam it in the steamer for 45 minutes then set aside. Add sugar in the sauce pan with a little water and simmer till it melts into thick caramel. Pour the caramel over the pear, and garnish it.

IV. Tips from the chef

1. Allow enough time to soak the glutinous rice. Do not turn off the heat during the steaming process.

2. Do not spoil the nature color of pear when peeling and coring.

3. Sugar can be replaced by rock sugar.

4. A combination oven can be substituted for a steamer.

Poire à la vapeur avec fourrage de riz gluant et de condits

Poire à la vapeur avec fourrage de riz gluant et de condits est un dessert à base de poire, avec les ingrédients comme le riz gluant et les condits. Ce plat porte une efficacité médicale pour humecter les poumons et soulager la toux, cela signifie que, dans la tradition chinoise, des comestibles sont aussi les médicaments.

Ce plat peut aller avec du vin fort ~~~~ ~~~~ aussi des collations chinoises comme Hamburger de style Chengdu, etc.

I. Ingrédients

Ingrédients principaux: 1 poire (environ 150g), 25g de riz gluant

Assaisonnements: 10g de condits, 50g de sucre

II. Ustensiles et matériels de cuisine

1 combi-four à vapeur, 1 russe moyenne

III. Préparation

1. Rincez le riz gluant et laissez tremper dans l'eau propre pendant 2 heures; Pelez, épépinez la poire entière, et la laissez dans l'eau propre pour l'utilisation suivante.

2. Découpez les condits en petits cubes, ajoutez le riz gluant et les mélangez bien, fourrez ces ingrédients dans la poire, enfournez-les et mettez à la vapeur pendant 45min; Faites fondre le sucre dans la russe moyenne avec un peu d'eau pour réaliser le sirop, arrosez-le sur la poire et faites de la décoration avant de les présenter sur la table.

IV. L'astuce du chef

1. Il est nécessaire de trempez le riz gluant pour qu'il absorbe suffisamment l'eau et faciliter la cuisson à la vapeur.

2. Il est préférable de maintenir la couleur originaire de la poire lorsque le façonnage.

3. Le sucre peut être substitué par d'autres saccharides.

4. Vous pouvez utiliser le four multifonctionnel combiné avec la fonction de la cuisson à la vapeur.

醋熘鲜贝

按照四川人的饮食习惯认知，认为绝大多数水产品或多或少有些腥味，而川菜中的鱼香、麻辣等味型是去除腥味的最佳选择。本菜品在鱼香味的基础上加大醋的用量，去除异味、增加香味的效果更好。

此菜可与白葡萄酒或中国白酒、黄酒配搭，也可与紫薯土司夹搭配食用。

食材与工具

分 类	原料名称	用量（克）
主 料	鲜 贝	150
	食 盐	1
	泡辣椒碎	30
	姜 碎	10
	蒜 碎	20
	葱 碎	30
	白 糖	15
调辅料	醋	20
	酱 油	10
	料 酒	30
	鱼高汤	250
	黄油面酱	30
	淀 粉	25
	橄榄油	25
工 具	不锈钢汁盆、盛菜菜盘、煎铲、木搅板、少司锅、炸炉	

制作方法

1. 将鲜贝沥干水分，加入食盐、料酒及淀粉拌匀，入炸炉在120℃油温中炸至定型滤油捞出。
2. 换少司锅，放入橄榄油、泡辣椒碎炒香，加姜碎、蒜碎、葱碎炒匀，倒入鱼高汤煮沸，滤渣后加酱油、白糖、醋、黄油面酱调匀，加入鲜贝加热至汁稠、出香味时起锅装盘即成。

大厨支招

1. 鲜贝炸制前必须揾干水分。
2. 醋的用量可较大。

中國滋味
西式厨艺烹川菜

It is known to all that most aquatic food has a fishy smell. So in Sichuan cuisine, people choose to use fish–flavor, pungent and numbing flavor to get rid of it. This dish uses fish–flavor as the base, and more vinegar is added to remove the unpleasant smell and enhance the aroma.

This dish goes with white wine, Chinese liquor, Chinese yellow wine, or Fried Toast Sandwich with Purple Sweet Potato Stuffing.

Quick-Fried Scallops with Vinegar

I. Ingredients

Main ingredient:

150g scallops

Auxiliary ingredients and seasonings:

1g salt, 30g pickled chilies (finely chopped), 10g ginger (finely chopped), 20g garlic (finely chopped), 30g scallion (finely chopped), 15g sugar, 20g vinegar, 10g soy sauce, 30g cooking wine, 250g fish fumet, 30g blond roux, 25g cornstarch, 25g olive oil

II. Cooking utensils and equipment

1 stainless steel soup basin, 1 serving dish, 1 slotted spatula, 1 wooden Spoon, 1 sauce pan, 1 deep-fryer

III. Preparation

1. Drain scallops, mix them well with salt, cooking wine and cornstarch. Deep-fry them in 120℃ deep-fryer till they have certain shape, ladle out.

2. Stir-fry olive oil and pickled chilies in the sauce pan till aromatic, add ginger, garlic, scallion and continue to stir-fry well. Pour in fish fumet and bring to a boil, then filter it. Add soy sauce, sugar, vinegar and blond roux and blend well. Put scallops in till the sauce becomes thick and aromatic. Transfer to a serving dish.

IV. Tips from the chef

1. Drain scallops before frying.

2. Allow a large amount of vinegar.

Noix de Saint-Jacques aigres-doux

Il est connu de tous que la plupart des aliments aquatiques tiennent une odeur désagréable. Les Sichuannais choisissent de confectionner la saveur parfumée du poisson et celle piquante-poivrée pour en débarrasser. Ce plat à base de la sauce parfumée du poisson est assaisonné plus de vinaigre pour enlever l'odeur désagréable et de renforcer les arômes.

Ce plat peut aller avec le vin blanc ou l'alcool chinois blanc / jaune, et aussi avec des collations chinoises comme Sandwich grillé à la purée de patates douces pourpres, etc.

I. Ingrédients

Ingrédient principal: 150g de noix de Saint-Jacques

Assaisonnements: 1g de sel, 30g de pickles de piment rouge hachés, 10g de gingembre haché, 20g de gousses d'ail hachées, 30g de ciboule hachée, 15g de sucre, 20g de vinaigre, 10g de sauce de soja, 30g de vin de cuisine, 250g de fumet de poisson, 30g de roux blond, 25g d'amidon, 25g d'huile d'olive

II. Ustensiles et matériels de cuisine

1 calotte, 1 assiette, 1 spatule ajourée, 1 cuillère en bois, 1 russe moyenne, 1 friteuse

III. Préparation

1. Egouttez les noix de Saint-Jacques, mêlez bien avec le sel, le vin de cuisine et l'amidon, faites-les frire à 120℃ jusqu'à ce qu'ils soient formés.

2. Prenez la russe moyenne, ajoutez l'huile d'olive, les pickles de piment rouge hachés, faites-les revenir jusqu'à ressortir des arômes, jetez le gingembre haché, les gousses d'ail hachées, la ciboule hachée en sautant bien, versez le fumet de poisson, filtrez les ingrédients et ajoutez la sauce de soja, le sucre, le vinaigre, le roux blond, mélangez-les bien, puis ajoutez les noix de Saint-Jacques, continuez la cuisson pour réduire la sauce, arrêtez le feu et transférez-les dans l'assiette.

IV. L'astuce du chef

1. Il est nécessaire d'égoutter l'eau complètement avant de frire les noix de Saint-Jacques.

2. C'est bien d'utiliser un peu plus de vinaigre.

剁椒银鳕鱼

剁椒银鳕鱼中所用的剁椒，是新鲜辣椒的加工制品，本是湖南特产，四川厨师按照四川人的口味调整后与鳕鱼搭配，入口滑爽、鲜辣并具、风味独特。

此菜可与白葡萄酒或中国白酒、黄酒配搭，也可与赖汤圆搭配食用。

制作方法

1. 将银鳕鱼清理干净，加食盐和胡椒粉腌制，入蒸柜蒸制15分钟取出备用。
2. 将剁椒入煎锅，加橄榄油炒香，加生抽、胡椒粉、料酒调味后淋在银鳕鱼上，撒上葱碎装盘即成。

大厨支招

1. 可根据添加剁椒的量来调节菜品的辣度。
2. 蒸制银鳕鱼时应一气呵成。

食材与工具

分 类	原料名称	用量（克）
主 料	银鳕鱼	200
	剁 椒	50
	葱 碎	适量
调辅料	生 抽	3
	胡椒粉	1
	料 酒	15
	食 盐	适量
	橄榄油	25
工 具	不锈钢方盘、不锈钢汁盆、菜盘、蒸柜、煎锅	

This dish uses processed fresh chilies to season codfish. Originating in Hunan, the chili was adjusted to Sichuan people's taste later. This dish has pungent, smooth, and savory taste.

This dish goes well with white wine, Chinese liquor, Chinese yellow wine, or Lai's Tangyuan (Sweet Rice Dumplings).

Steamed Codfish with Chopped Chilies

soy sauce, white pepper powder and cooking wine. Pour the mixture over codfish, sprinkle chopped scallion pieces on it. Then transfer to the serving dish.

IV. Tips from the chef

1. The level of spicy can be controlled by the amount of chopped chilies.

2. Steam codfish till cooked through without turning off the heat.

I. Ingredients

Main ingredient: 200g codfish

Auxiliary ingredients and seasonings: 50g chilies (finely chopped), scallion (finely chopped), 3g light soy sauce, 1g white pepper powder, 15g cooking wine, salt, 25g olive oil

II. Cooking utensils and equipment

1 hotel pan, 1 stainless steel soup basin, 1 serving dish, 1 steamer, a frying pan

III. Preparations

1. Clean codfish, marinate with salt and white pepper powder, and then steam it in the steamer for 15 minutes.

2. Add chopped chilies and olive oil in the frying pan and stir-fry till aromatic. Add and mix with light

*C*abillaud à la vapeur avec piments rouges hachés

Les piments utilisés dans ce plat sont façonnés avec piments frais. Originaire du Hunan, cet ingrédient a été rectifié pour adapter la saveur sichuannaise et utilisé pour la confection avec cabillaud. Ce plat tient un goût piquant, lisse, exquis et unique.

Ce plat peut aller avec le vin blanc sec ou l'alcool chinois blanc / jaune, et aussi avec des collations chinoises comme Tangyuan Lai (boulettes de riz gluant fourrées), etc.

I. Ingrédients

Ingrédient principal: 200g de cabillaud

Assaisonnements: 50g de piments rouges hachés, certaine ciboule hachée, 3g de sauce de soja légère, 1g de poivre en poudre, 15g de vin de cuisine, du sel, 25g d'huile d'olive

II. Ustensiles et matériels de cuisine

1 plaque à débarrasser, 1calotte, 1 assiette, 1 combi-four à vapeur, 1 sauteuse

III. Préparation

1. Lavez le cabillaud, macérez-le avec le sel et du poivre en poudre, mettez-le au four pour la cuisson à la vapeur pendant 15 min. Sortez-le pour l'utilisation suivante.

2. Faites revenir les piments rouges hachés et ensuite ajoutez l'huile d'olive, la sauce de soja légère, le poivre en poudre, le vin de cuisine et mélangez bien, arrosez ce mélange sur le dessus du cabillaud, parsemez de ciboule hachée avant de présenter sur la table.

IV. L'astuce du chef

1. Vous pouvez régler la quantité de piments rouges hachés pour rectifier la saveur pimentée.

2. Il est préférable de cuire le cabillaud à la vapeur par une fois.

干烧虾球

按照传统的做法，烹制大虾多以咸鲜味型为主，而现代川菜则使用泡辣椒、碎米芽菜这两种四川特色调味料，恰到好处地突出了大虾的鲜美滋味。

此菜可与白葡萄酒或中国白酒、黄酒配搭，也可与葱香花卷搭配食用。

制作方法

1. 将大虾去头，从背部纵剖去掉沙线，把虾的尾部从虾身中部穿过形成虾球状，将虾球入炸炉以150℃油温炸至色红捞出。
2. 少司锅中加花生油加热，下泡辣椒节、葱节、姜片、蒜片炒香，加入鱼高汤和料酒，用食盐、五香粉、老抽、白糖调好味，然后加入虾球、碎米芽菜炒匀起锅，入蒸柜蒸制15分钟取出。
3. 少司锅中加花生油加热，下面粉炒香后加入蒸虾原汁，收汁后加入芝麻油，淋在虾球上装盘即成。

大厨支招

1. 泡辣椒、芽菜用量以增香为宜，量不可过多。
2. 蒸制虾肉的目的是为了成熟入味。

食材与工具

分 类	原料名称	用量（克）
主 料	大 虾	300
调辅料	食 盐	3
	五香粉	2
	老 抽	5
	料 酒	10
	姜 片	5
	蒜 片	10
	葱 节	30
	泡辣椒节	20
	白 糖	3
	芝麻油	1
	碎米芽菜	5
	面 粉	适量
	鱼高汤	150
	花生油	50
工 具	不锈钢方盘、不锈钢汁盆、菜盘、炸炉、蒸柜、少司锅	

The taste of prawns' dishes used to be mostly salty and savory. Modern Sichuan cuisine uses pickled chilies and yacai (preserved mustard greens), which are Sichuan featured seasonings. They appropriately bring out the sweet and delicious taste of the prawn.

This dish goes well with white wine, Chinese liquor, Chinese yellow wine, or Scallion Flavor Steamed Huajuan (Flower Roll).

Dry-Braised Prawn Balls

I. Ingredients

Main ingredient: 300g prawns

Auxiliary ingredients and seasonings: 3g salt, 2g five spice powder, 5g dark soy sauce, 10g cooking wine, 5g ginger (sliced), 10g garlic (sliced), 30g scallion (cut into sections), 20g pickled chilies (cut into sections), 3g sugar, 1g sesame oil, 5g minced yacai (preserved mustard greens), all-purpose flour, 150g fish fumet, 50g peanut oil

II. Cooking utensils and equipment

1 hotel pan, 1 stainless steel soup basin, 1 serving dish, 1 serving dish, 1 deep-fryer, 1 steamer, 1 sauce pan

III. Preparation

1. Remove prawns' heads, and devein them. Loop prawns with their tails pass through the bodies as prawn balls. Fry in 150℃ oil in deep-fryer till red then ladle out.

2. Heat peanut oil in the sauce pan, add pickled chilies, scallion, ginger and garlic and stir-fry till aromatic. Add fish fumet and cooking wine and flavor with salt, five spice powder, dark soy sauce and sugar. Then add prawn balls and minced yacai to stir-fry well and remove. Steam for 15 minutes in the steamer.

3. Heat peanut oil in the sauce pan, add flour and stir-fry till aromatic. Add the steamed prawn's soup till it becomes thick and then add sesame oil. Pour the sauce over the prawn balls and transfer to the serving dish.

IV. Tips from the chef

1. Do not use too much pickled chilies and yacai for they are only used for adding aroma.

2. Steaming helps the sauce fully absorbed by prawns.

Bouclettes de crevettes braisées à sec

Les plats de crevettes sont principalement au goût salé aromatique, alors que la cuisine du Sichuan moderne a adopté les 2 assaisonnements-pickles de piment rouge et Yacai, qui apportent de manière appropriée un goût de crevette doux et succulent.

Ce plat peut aller avec le vin blanc ou l'alcool chinois blanc / jaune, et aussi avec des collations chinoises comme Rouleau de ciboule hachée à la vapeur, etc.

I. Ingrédients

Ingrédient principal: 300g de crevettes

Assaisonnements: 3g de sel, 2g de cinq épices en poudre, 5g de sauce de soja noire, 10g de vin de cuisine, 5g de gingembre émincé, 10g de gousses d'ail émincées, 30g de ciboule en tronçons, 20g de pickles de piment rouge en tronçons, 3g de sucre, 1g d'huile de sésame, 5g de Yacai haché, certaine farine, 150g de fumet de poisson, 50g d'huile d'arachide

II. Ustensiles et matériels de cuisine

1 plaque à débarrasser, 1 calotte, 1 assiette, 1 friteuse, 1 combi-four à vapeur, 1 russe moyenne

III. Préparation

1. Enlevez les têtes des crevettes et leurs boyaux noires, passez leurs queues à travers leurs corps afin de former les bouclettes, faite-les frire dans l'huile à 150℃ jusqu'à la couleur rouge atteinte, retirez les bouclettes de crevettes.

2. Faites chauffer l'huile d'arachide dans la russe moyenne, jetez les tronçons de pickles de piment rouge, ceux de ciboule, émincés de gingembre, et celles de gousses d'ail, faites-les sauter bien jusqu'à ce qu'ils soient parfumés, versez le fument de poisson et le vin de cuisine, rectifiez l'assaisonnement avec le sel, les 5 épices en poudre, la sauce de soja noire et le sucre, puis plongez les bouclettes de crevettes, jetez le Yacai haché et les sautez en mélangeant bien, mettez-les au four pour la cuisson à la vapeur pendant 15min.

3. Faites chauffer l'huile d'arachide dans la russe moyenne, faites revenir la farine jusqu'à faire ressortir des arômes, ajoutez le suc de crevettes cuites, laissez réduire et arrosez quelques gouttes de l'huile de sésame sur les bouclettes de crevettes.

IV. L'astuce du chef

1. Ce n'est pas nécessaire de mettez trop de pickles de piment rouge ni Yacai puisqu'ils sont pour renforcer les arômes.

2. Lorsque vous cuisez les crevettes à la vapeur, il vaut mieux qu'elles soient juste cuites et absorbent bien la sauce.

花椒鱼丁

花椒是最具四川特色的调味品，以麻入味是川菜最典型的特征之一。花椒鱼丁先以油炸酥三文鱼，再以汤汁使其回软，并加花椒、辣椒调味避其腥、提其香，解决了三文鱼加热后粗老腥涩的问题。

此菜可与红酒或中国白酒、黄酒配搭食用。

制作方法

1. 将三文鱼切成约2厘米见方的丁，加入姜丁10克、葱丁10克、食盐、料酒码味约20分钟；干辣椒去蒂、去籽后切成长约3厘米的短节。

2. 将三文鱼丁入炸炉以150℃油温炸至色红质酥待用。

3. 另换煎锅，加入花生油，待油温升至100℃时下干辣椒节、花椒炒出香味，放入鱼丁，加入料酒、鱼高汤、食盐、生抽、姜丁20克、葱丁20克、白糖调色调味，旺火烧沸后改用小火加热至鱼丁回软入味，再加大火力收汁起锅，冷却校味后，去掉姜丁、葱丁，装盘即成。

大厨支招

1. 成菜应在咸味充分的基础上突出麻辣味及香味，回味带甜。

2. 麻辣程度可通过选择干辣椒、花椒品种及用量进行调节。

食材与工具

分 类	原料名称	用量（克）
主 料	三文鱼	150
调辅料	干辣椒节	8
	花 椒	1
	食 盐	3
	姜 丁	30
	葱 丁	30
	料 酒	15
	白 糖	3
	生 抽	1
	花生油	50
	鱼高汤	200
工 具	不锈钢方盘、菜盘、炸炉、煎锅	

西式厨艺烹川菜

It is no doubt that Sichuan pepper is a unique seasoning in Sichuan cuisine. It features numbing taste. This dish uses Sichuan pepper to flavor diced salmon. The cooking way is to fry salmon first till crispy, and soften the fish with soup, then season it with Sichuan pepper and chilies to cover the unpleasant fishy smell and enhance the taste of fish.

This dish goes well with red wine, Chinese liquor, or Chinese yellow wine.

Sichuan Pepper Flavored Diced Salmon

I. Ingredients

Main ingredient: 150g salmon

Auxiliary ingredients and seasonings: 8g dried chilies (cut into sections), 1g Sichuan peppercorns, 3g salt, 30g ginger (finely chopped), 30g scallion (finely chopped), 15g cooking wine, 3g sugar, 1g light soy sauce, 50g peanut oil, 200g fish fumet

II. Cooking utensils and equipments

1 hotel pan, 1 serving dish, 1 deep-fryer, 1 frying pan

III. Preparation

1. Cut salmon into 2cm^3 dice. Marinate salmon with 10g ginger, 10g scallion, salt and cooking wine for 20 minutes. Remove the pedicel and seeds of dried chilies, and cut into 3cm long sections.

2. Fry salmon in 150℃ deep-fryer till red and crispy.

3. Heat peanut oil to 100℃ in the frying pan, add dried chili sections and Sichuan peppercorns to stir-fry till aromatic. Slide in salmon dice, and add cooking wine, fish fumet, salt, light soy sauce, 20g ginger, 20g scallion and sugar to season and color. Boil over a high heat and then braise over a low heat to make fish dices soft and fully absorb the soup. Heat the pan over a high heat again till the sauce thickens, and then remove. When the fish cools, season it again, remove ginger and scallion, then transfer to the serving dish.

IV. Tips from the chef

1. Highlight the spicy and numbing flavor, and a lingering sweet taste besides the salty taste.

2. Control the level of spicy by the amount and the kinds of dried chilies and Sichuan peppercorns.

Dés de saumon sautés déglacés au poivre du Sichuan

Poivre du Sichuan est un des assaisonnements les plus représentatifs au Sichuan, et le goût poivré est une des caractéristiques les plus typiques dans les plats sichuannais. Les dés de saumon sautés déglacés au poivre du Sichuan sont confectionnés en friture pour le saumon puis en le ramollissant avec de la sauce, assaisonner avec du poivre du Sichuan et les piments rougs pour eviter l'odeur désagréable et aussi renforcer les arômes.

Ce plat peut aller avec le vin rouge ou l'alcool chinois blanc / jaune.

I. Ingrédients

Ingrédient principal: 150g de saumon

Assaisonnements: 8g de tronçons de piments rouges secs, 1g de poivre du Sichuan, 3g de sel, 30g de gingembre en petits cubes, 30g de ciboule en petits cubes, 15g de vin de cuisine, 3g de sucre, 1g de sauce de soja légère, 50g d'huile d'arachide, 200g de fumet de poisson

II. Ustensiles et matériels de cuisine

1 plaque à débarrasser, 1 assiette, 1 friteuse, 1 sauteuse

III. Préparation

1. Découpez le saumon en cubes de 2cm, ajoutez 10g de petits cubes de gingembre et ceux de ciboule, le sel et le vin de cuisine, mélangez-les et laissez macérer pendant 20min; Epépinez et enlevez les têtes des piments rouges secs et les taillez en tronçons de 3cm.

2. Faites frire les cubes de saumon dans la friteuse à 150℃ jusqu'à ce qu'ils soient en rouge et croustillants.

3. Prenez la sauteuse, ajoutez l'huile d'arachide, dès que la température atteint à 100℃, ajoutez les tronçons de piments secs et le poivre du Sichuan, sautez-les jusqu'à faire ressortir des arômes, jetez les cubes de saumon, ajoutez le vin de cuisine, le fumet de poisson, le sel, la sauce de soja légère, 20g de gingembre en cubes, 20g de ciboule en cubes, et le sucre pour rectifier l'assaisonnement et la coloration, lorsque le fumet est bouilli à veuf vif, baissez le feu et laissez cuire jusqu'à le saumon devienne ramolli, remettez à feu vif pour faire réduire le jus et retirez-les, laissez-les refroidir, ôtez les cubes de gingembre et de ciboule, transférez-les dans l'assiette.

IV. L'astuce du chef

1. Ce plat doit mettre en évidence la saveur épicée et poivrée à base d'un goût salé, et apporter un arrière-goût sucré.

2. Le niveau pimenté peut être ajusté par une sélection de différentes variétés de piments secs et de poivre du Sichuan, et aussi par la rectification de quantité à utiliser.

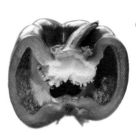

姜爆鸭条

姜爆鸭条以板鸭为主料，辅以仔姜、甜椒、蒜苗烹制而成，成菜色彩丰富，姜香浓郁、风味十足。板鸭是经腌渍、风干、复卤、烟熏等工艺加工而成的制成品，是中国传统的腌腊制品。

此菜可与红酒或中国白酒、黄酒配搭，也可与荷叶夹等面点搭配食用。

分　类	原料名称	用量（克）
主　料	板鸭鸭脯肉	75
	仔　姜	35
	甜　椒	25
	蒜　苗	25
调辅料	生　抽	3
	料　酒	5
	花生油	25
工　具	煎锅、菜盘	

制作方法

1. 将鸭脯肉切成长约5厘米、粗约1厘米的条；仔姜切成长约6厘米、粗约0.3厘米的丝；甜椒、蒜苗均切成与仔姜丝相似的丝。
2. 煎锅中加入花生油，待油温升至约150℃时下鸭脯条略炒，接着下仔姜、甜椒、蒜苗，加入生抽、料酒，炒出香味后起锅装盘即成。

大厨支招

1. 主料应选用肥嫩仔鸭。
2. 成品板鸭咸味较重，使用前可用清水浸泡以去咸味。
3. 炒鸭丝时炒出香味即可。

Dried preserved duck is a traditional Chinese food. This dish uses dried preserved duck as the main ingredient, flavored with tender ginger, red bell peppers and baby leeks. It has rich colors, a strong ginger flavor and an appetizing taste.

This dish goes with red wine, Chinese liquor, Chinese yellow wine, or snacks like Steamed Lotus Leaf Shaped Buns.

Quick-Fried Duck Slivers with Ginger

I. Ingredients

Main ingredients: 75g dried preserved duck breast, 35g tender ginger, 25g bell peppers, 25g baby leeks

Auxiliary ingredients and seasonings: 3g light soy sauce, 5g cooking wine, 25g peanut oil

II. Cooking utensils and equipment

1 frying pan, 1 serving dish

III. Preparation

1. Cut duck breast into 5cm-long and 1cm-thick strips; cut the tender ginger into 6cm-long and 0.3cm-thick slivers; cut bell peppers and baby leeks into strips as ginger slivers.

2. Heat peanut oil to 150℃ in the frying pan. Add duck strips and stir-fry to bring out the aroma. Add tender ginger, bell peppers, baby leeks, light soy sauce and cooking wine to stir-fry till fragrant. Transfer to the serving dish.

IV. Tips from the chef

1. Select duckling as main ingredient.

2. Immerse in water to lighten the strong salty taste of dried preserved duck before using.

3. Stir-fry duck strips to bring out the aroma. Do not overcook.

Canard sauté-rapide au gingembre

Ce plat utilise canard fumé-séché comme ingrédient principal, complété par du gingembre tendre, des poivrons rouges et des poireaux chinois, qui se présente en multi-couleurs, et tient goût de gingembre fort et appétissant. Le canard fumé-séché est confectionné par le processus de mariné, séché, salé et fumé, c'est un des produits fumés traditionnels chinois.

Ce plat peut aller avec le vin rouge ou l'alcool chinois blanc / jaune, et aussi avec des collations chinoises à base de farine comme Brioche à la vapeur en forme de feuille de lotus, etc.

I. Ingrédients

Ingrédients principaux: 75g magret de canard fumé-séché, 35g de gingembre tendre, 25g de poivrons rouges, 25g de poireaux chinois

Assaisonnements: 3g de sauce de soja légère, 5g de vin de cuisine, 25g d'huile d'arachide

II. Ustensiles et matériels de cuisine

1 sauteuse, 1 assiette

III. Préparation

1. Taillez le magret de canard en bâtonnets de 5cm de longueur et 1cm d'épaisseur; Détaillez le gingembre tendre en juliennes de 6cm de longueur et 0.3cm d'épaisseur; Détaillez les poivrons rouges et les poireaux chinois en juliennes d'environ la même taille que celles de gingembre.

2. Faites chauffer l'huile d'arachide dans la sauteuse à 150℃, jetez les juliennes de canard et sautez-les légèrement, suivi par les juliennes de gingembre tendre, celles de poivrons rouges et de poireaux chinois, ensuite ajoutez la sauce de soja légère, le vin de cuisine, sauter-les jusqu'à faire ressort des arômes, puis les transférez dans l'assiette.

IV. L'astuce du chef

1. Il est préférable de choisir un canard fumé-séché gras et tendre.

2. Il est nécessaire de tremper le canard fumé-séché dans l'eau pour baisser la salure.

3. Lorsque vous faites sauter les juliennes de canard, il faut juste attendre l'exhalation des arômes et hors du feu immédiatement.

椒盐虾排

川菜烹饪中常常将花椒与辣椒搭配使用形成麻辣味，而用花椒粉、细盐调成的椒盐味，具有特殊的香麻味，风味独特。椒盐味是川菜烹饪的常用味型之一，椒盐虾排可以说是传统椒盐菜品的创新做法。

此菜可与红酒或中国白酒、黄酒配搭食用。

制作方法

1. 大虾去头，从背部剖开去除沙线，以食盐、料酒码味15分钟；鸡蛋搅打成蛋液；食盐以小火炒干，加入花椒粉成椒盐，装入味碟备用。

2. 大虾沥干水分后涂上蛋液，再均匀粘裹上面包糠，入150℃炸炉炸至外酥色红后捞出装盘，配椒盐味碟即成。

大厨支招

1. 炸虾时油温不宜过高。

2. 花椒粉可用花椒油代替，在虾起锅后滴入花椒油、撒入食盐拌匀即可。

食材与工具

分　类	原料名称	用量（克）
主　料	大虾	150
调辅料	食盐	2
	花椒粉	0.5
	料酒	5
	鸡蛋	1个
	面包糠	适量
工　具	不锈钢方盘、菜盘、炸炉、味碟	

Spicy and numbing flavor is a blend of chilies and Sichuan pepper in Sichuan cuisine, whereas salty and numbing flavor is a blend of salt and Sichuan pepper. The latter flavor has a unique taste, which is used frequently in Sichuan cuisine. Prawns with Sichuan Pepper Salt is an innovative dish based on traditional salty and numbing flavor dishes.

This dish goes well with red wine, Chinese liquor, or Chinese yellow wine.

Prawns with Sichuan Pepper Salt

I. Ingredients

Main ingredient: 150g prawns

Auxiliary ingredients and seasonings: 2g salt, 0.5g Sichuan pepper powder, 5g cooking wine, 1 egg, breadcrumbs

II. Cooking utensils and equipment

1 hotel pan, 1 serving dish, 1 deep-fryer, 1 saucer

III. Preparation

1. Remove prawns' heads, and devein them. Marinate with salt and cooking wine for 15 minutes; whisk egg; dry salt over a low heat, add Sichuan pepper powder to make salt pepper powder, transfer to a saucer.

2. Drain prawns, brush with beaten egg, and coat them with breadcrumbs. Fry the prawns in 150℃ deep-fryer till red and crispy. Then transfer to the serving dish. Serve with the saucer.

IV. Tips from the chef

1. Do not fry prawns in oil over high heat.

2. Sichuan pepper oil can be substituted of Sichuan pepper powder. Add it and salt after ladling out the prawn.

Crevettes frites salées-poivrées

Dans la cuisine sichuannaise, le poivre du Sichuan et les piments sont toujours utilisés ensemble pour confectionner la saveur épicée-poivrée, et le poivre du Sichuan en poudre et le sel fin sont utilisés ensemble pour confectionner la saveur salée-poivrée, celui tient un goût exquis spécial. Alors, la saveur salée poivrée est une des saveurs normales dans la cuisine du Sichuan, les crevettes frites salées-poivrées peut être dit qu'une approche novatrice par rapport les plats salés-poivrés.

Ce plat peut aller avec le vin rouge ou l'alcool chinois blanc / jaune.

I. Ingrédients

Ingrédient principal: 150g de crevettes

Assaisonnements: 2g de sel, 0.5g de poivre du Sichuan en poudre, 5g de vin de cuisine, 1 œuf, certaine chapelure

II. Ustensiles et matériels de cuisine

1 calotte, 1 assiette, 1 friteuse, 1 assiette à tremper

III. Préparation

1. Enlevez les têtes et les boyaux noirs des crevettes, macérez-les avec le sel et le vin de cuisine pendant 15min; Battez l'œuf; Faites revenir le sel sur feu doux et mêlez-le avec le poivre du Sichuan en poudre, déposez-le dans l'assiette à tremper.

2. Egouttez les crevettes et enrobez-les d'œuf battu, puis passez-les dans la chapelure, faites-les frire dans la friteuse à 150℃, lorsqu'elles deviennent rouges croustillantes à l'extérieure, retirez-les et égouttez l'excès de l'huile, transférez-les dans l'assiette et présentez-les à la table accompagnées d'assiette à tremper.

IV. L'astuce du chef

1. Ne faite pas frire les crevettes dans l'huile de très haute température.

2. Le poivre du Sichuan en poudre peut être remplacé par l'huile de poivre, arrosez de l'huile de poivre sur les crevettes frites et parsemez de sel en mélangeant bien.

开水白菜

开水白菜是四川传统名菜，原系川菜名厨黄敬临在清宫御膳房时创制，后来黄敬临将此菜制法带回四川，广为流传。本品中的开水非清水，而是用老鸡、老鸭、猪排骨等原料经小火长时间熬制而成的特制清汤，因汤色清澈故名。开水白菜清鲜淡雅、香味浓醇、不油不腻、不淡不薄、菜色嫩黄、柔美化渣，有不似珍肴，胜似珍肴之感。

此汤羹可与萝卜丝饼或火腿土豆饼等面点搭配食用。

食材与工具

分　类	原料名称	用量（克）
主　料	白菜心	125
调辅料	食盐	适量（可上桌自行调味）
	鸡清汤	250
工　具	少司锅、蒸柜、大汤碗	

制作方法

1. 将白菜心放入少司锅中以沸水焯水至断生，捞出后用凉开水漂凉。
2. 将白菜心放入大汤碗中，加入鸡清汤完全淹没，入蒸柜蒸制3分钟，出柜后滗去原汤，另加入烧沸鸡清汤即成。

大厨支招

1. 焯水时务必使用沸水，且保持较多水量，断生即可。
2. 成菜前应另换鸡汤，可使菜品汤色保持清澈、醇鲜。

Napa Cabbage in Consommé is a famous traditional dish in Sichuan. It was first invented by Huang Jinglin, a famous Sichuan imperial chef in Qing Dynasty. This dish has been widespread since he brought this recipe back to Sichuan. The name "Kaishui" literally means boiling water, which is actually consommé, a clear stock which is made by gentle simmering chicken, duck and spareribs. The napa cabbage is tender and easy to chew. With enjoyable light yellow color, this dish has strong fragrance, non-greasy, delicate, savory and refreshing taste. Many people enjoy this simple dish as a delicacy.

This soup goes well with snacks like Pastry Cake Stuffed with Radish Slices, or Potato Pancake with Ham.

Napa Cabbage in Consommé

I. Ingredients

Main ingredient: 125g napa cabbage

Auxiliary ingredients and seasonings: salt (add as you like), 250g chicken consommé

II. Cooking utensils and equipment

1 sauce pan, 1 steamer, 1 big soup bowl

III. Preparation

1. Blanch napa cabbage in the sauce pan till just cooked, ladle out and chill in cool boiled water.

2. Put napa cabbage in the big soup bowl, soak it with consommé. Steam in the steamer for 3 minutes, remove and pour out the consommé. Then add fresh boiling consommé in the bowl then serve.

IV. Tips from the chef

1. Blanch napa cabbcage in adequate amount of boiling water till just cooked.

2. Add fresh consommé before serving the dish so that the soup looks clear, smells aromatic and tastes fresh.

Chou de Chine au consommé

Chou de Chine au consommé est un célèbre plat traditionnel du Sichuan. Il fut créé par Huang Jinglin, un célèbre chef cuisinier impérial de cuisine sichuannaise dans la dynastie Qing. Ce plat fut généralisé quand il rapporta la recette au Sichuan. Le nom « Kaishui » en chinois est l'eau bouillante en français, cependant, cette eau bouillante est particulièrement confectionnée de consommé mijoté avec du poulet, canard et des côtes de porc, le consommé est si claire, d'où vient son nom. Le chou de Chine au consommé est tendre et facile à mâcher. Avec la couleur jaune clair agréable, ce plat tient des arômes forts, ni gras ni huilé, délicat, savoureux et rafraîchissant. Beaucoup de gens aiment ce plat simple comme un mets délicat.

Cette soupe claire peut aller avec des collations à base de farine chinoises comme Petite galette feuilletée aux juliennes de radis et Petite galette de pommes de terre au jambon, etc.

I. Ingrédients

Ingrédient principal: 125g de cœur de chou de Chine

Assaisonnements: du sel (ou ajoutez-le en servant par soi-même), 250g de consommé de poulet

II. Ustensiles et matériels de cuisine

1 russe moyenne, 1 combi-four à vapeur, un bol de soupe

III. Préparation

1. Faite blanchir le cœur de chou de Chine et le retirez puis trempez dans l'eau pour faire refroidir.

2. Transférez le chou de Chine dans le bol de soupe, versez le consommé de poulet jusqu'à ce qu'il en couvre entièrement. Mettez-les dans le four pour cuire à la vapeur pendant 3min, puis les sortez et enlevez la soupe originale, surajoutez le consommé de poulet bouillant et les présenter sur la table.

IV. L'astuce du chef

1. Lorsque vous faites blanchir le chou de Chine, il est nécessaire d'utiliser l'eau bouillante et en rester assez pleine, dès qu'il est cuit, arrêtez la cuisson.

2. Il est nécessaire de changer le consommé de poulet à nouveau avant de servir, cela rendra la soupe une couleur claire et un goût subtil.

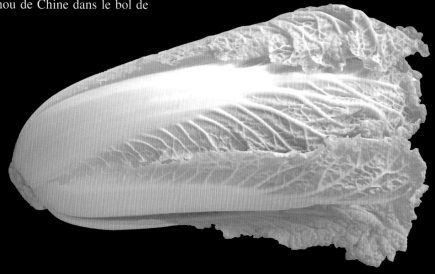

糯香骨

A Taste of China
Saveurs chinoises

中国传统饮食具有『五谷为养，五畜为益』的特点，讲究主副食的协调搭配。糯香骨以猪排骨和糯米搭配，荤素结合，既是中国传统烹饪理念的沿袭，也符合现代营养学的要求。

此菜可与红酒或中国白酒、黄酒配搭，也可与四川菜羹搭配食用。

制作方法

1. 糯米洗净，用清水浸泡2小时备用。
2. 将猪排斩成长约6厘米的段，用清水浸泡30分钟后滤干水分，加入食盐、五香粉、生抽、料酒、橄榄油腌制2小时，之后加入糯米拌匀，入蒸柜蒸制45分钟，出柜装盘即成。

大厨支招

1. 用清水浸泡糯米可使其充分吸收水分以缩短成熟时间。
2. 蒸制时中途不能停止，必须一气呵成。

食材与工具

分 类	原料名称	用量（克）
主 料	猪排骨	250
	糯 米	25
调辅料	食 盐	8
	五香粉	3
	生 抽	5
	料 酒	5
	橄榄油	25
工 具	蒸柜、菜盘	

137

There is a traditional Chinese cuisine notion that goes, "Five kinds of cereal nourish the human body, while five kinds of livestock benefit the human body". In essence, herein lays a match between staple food and accessory food. This dish uses spareribs and glutinous rice as main ingredients. Meat and cereal combination is not only in accordance with the Chinese cuisine notion, but also meets the requirement of modern nutrition science.

This dish goes well with red wine, Chinese liquor, Chinese yellow wine, or Sichuan Vegetable Soup.

Steamed Spareribs with Glutinous Rice

I. Ingredients

Main ingredients: 250g spareribs, 25g glutinous rice

Auxiliary ingredients and seasonings: 8g salt, 3g five spice powder, 5g light soy sauce, 5g cooking wine, 25g olive oil

II. Cooking utensils and equipment

1 steamer, 1 serving dish

III. Preparation

1. Wash glutinous rice and soak in water for 2 hours.

2. Cut spareribs into 6cm-long sections, and soak in water for 30 minutes then drain. Marinate with salt, five spice powder, light soy sauce, cooking wine and olive oil for 2 hours. Add glutinous rice and mix well. Steam in the steamer for 45 minutes. Then transfer to the serving dish.

IV. Tips from the chef

1. Soak glutinous rice in water to shorten the cooking time.

2. Do not turn off the heat when steaming till the ingredient is cooked through.

Travers de porc à la vapeur au riz gluant

La cuisine traditionnelle chinoise tient une caractéristique comme « Cinq sortes de céréales nourrissent au corps humain, et cinq sortes d'animaux d'élevage bénéficient du corps humain ». En essence, c'est là que réside une composition entre la nourriture de base et les aliments secondaires. Ce plat combine les travers de porc et le riz gluant, qui n'est pas seulement en conformité avec la notion de la cuisine traditionnelle chinoise, mais aussi répond à l'exigence de la diététique moderne.

Ce plat peut aller avec le vin rouge ou l'alcool chinois blanc / jaune, et aussi avec Soupe épaisse aux légumes à la sichuannaise.

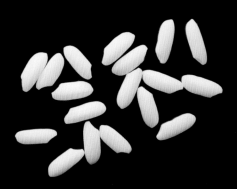

I. Ingrédients:

Ingrédients principaux: 250g de travers de porc, 25g de riz gluant

Assaisonnements: 8g de sel, 3g de cinq épices en poudre, 5g de sauce de soja légère, 5g de vin de cuisine, 25g d'huile d'olive

II. Ustensiles et matériels de cuisine

1 combi-four à vapeur, 1 assiette

III. Préparation

1. Rincez le riz gluant, trempez-le dans l'eau propre pendant 2 heures.

2. Découpez les travers de porc en sections de 6cm, trempez-les dans l'eau pendant 30min puis les égouttez, ajoutez le sel, les cinq épices en poudre, la sauce de soja légère, le vin de cuisine et l'huile d'olive, laissez-les macérez pendant 2 heures, puis

ajoutez le riz gluant en mélangeant bien, mettez-les au four pour la cuisson à la vapeur pendant 45min, sortez-les et transférez-les dans l'assiette.

IV. L'astuce du chef

1. Faites trempez le riz gluant dans l'eau contribue à réduire le temps de cuisson.

2. La cuisson à la vapeur doit être faite par une fois et sans arrêt.

四川菜羹

菜羹是以一种或若干种蔬菜所制成的羹。在以前是人们应对粮食不足的应急之举，故有『吃得菜根，百事可为』之说，意为经受了艰难困苦的磨练，就能成就一番事业。古人以菜根励志，而今天，菜羹已成为健康、时尚的最佳选择。

此汤羹可与鸡汁煎饺等面点搭配食用。

食材与工具

分　类	原料名称	用量（克）
主　料	青　豆	50
	土　豆	50
	白　菜	50
	萝　卜	50
调辅料	食　盐	4
	涪陵榨菜	适量
	葱　碎	适量
	淀　粉	适量
	清　水	300
工　具	少司锅、食物搅拌器、羹汤碗	

制作方法

1. 青豆加水，用搅拌器加工成豆浆备用；榨菜切成颗粒；将土豆、白菜、萝卜分别切成细丝备用。
2. 将豆浆入少司锅中加水烧沸，加入土豆丝、白菜丝、萝卜丝煮至柔软，酌情以淀粉勾芡，起锅盛入羹汤碗中，加入食盐，撒上榨菜、葱碎即成。

大厨支招

1. 汤羹的浓稠度可由淀粉浓度来控制。
2. 蔬菜种类及食盐可依个人口味喜好酌情增减。

Caigeng is a kind of soup which is made of one or several kinds of vegetables. People survived on Caigeng during food shortages. Caigeng used to be made of bitter vegetable roots. Therefore, there is a saying that goes "Nothing is impossible if you can put up with eating Caigeng." Nowadays, Caigeng has become a healthy and fashionable soup option.

This vegetable soup goes well with snacks like Chicken Flavor Fried Dumplings.

Sichuan Caigeng –Vegetable Soup

I. Ingredients

Main ingredients: 50g soy bean peas, 50g potatoes, 50g napa cabbage, 50g radishes

Auxiliary ingredients and seasonings: 4g salt, Fuling Zhacai (preserved mustard tuber), scallion (finely chopped), cornstarch, 300g water

II. Cooking utensils and equipment

1 sauce pan, 1 blender, 1 soup bowl

III. Preparation

1. Blend soy bean peas and water in the blender into soy bean peas milk. Chop Fuling Zhacai into small cubes. Cut potatoes, napa cabbage and radishes into slivers.

2. Boil soy bean peas milk and water in the sauce pan, and add potato, napa cabbage and radish slivers to boil till soft. Thicken with cornstarch. Remove from heat and transfer to the soup bowl, add salt and sprinkle on top with Fuling Zhacai and scallion.

IV. Tips from the chef

1. Control the viscosity by the amount of starch.

2. Vegetables can be substituted based upon availability. The amount of salt is flexible depending on personal preference.

Soupe épaisse aux légumes à la sichuannaise

Soupe épaisse aux légumes à la sichuannaise est confectionnée avec une ou plusieurs sortes de légumes, qui a été utilisée dans le passé comme une mesure pour confronter la pénurie alimentaire, dès lors, il y a eu une expression qui dit « Rien n'est pas possible si vous arrivez à manger la soupe aux légumes », c'est-à-dire que les gens qui ont subi les difficultés et l'épreuve devront atteindre un succès de sa carrière. Aujourd'hui, la soupe épaisse aux légumes devient un choix sain et moderne.

Cette soupe épaisse peut aller avec des plats à base de farine comme Raviolis au jus de poulet poêlés, etc.

I. Ingrédients

Ingrédients principaux: 50g de pois verts, 50g de pomme de terre, 50g de chou de Chine, 50g de radis

Assaisonnements: 4g de sel, certaine quantité de Zhacai (tubercules de moutarde marinés du Sichuan), certaine ciboule hachée, certain amidon, 300g d'eau

II. Ustensiles et matériels de cuisine

1 russe moyenne, 1 mixer, 1 bol de soupe

III. Préparation

1. Ajoutez de l'eau dans les pois verts et façonnez avec le mixer pour faire le jus de pois verts; Hachez les Zhacai; Taillez la pomme de terre, le chou de Chine, et le radis en juliennes.

2. Versez le jus de pois verts dans la russe moyenne et portez à ébullition, ajoutez ensuite les juliennes de pomme de terre, celles de chou de Chine et celles de radis, laissez-les cuire jusqu'à ce qu'elles soient souples, faite réduire avec la liaison de l'amidon, transférez la soupe dans le bol et parsemez de sel, de Zhacai et de ciboule hachée avant de servir.

IV. L'astuce du chef

1. L'épaisseur de la soupe peut être ajustée par l'utilisation de l'amidon.

2. Les sortes de légumes et la quantité de sel peuvent être rectifiées par votre goût préféré.

食材与工具

分 类	原料名称	用量（克）
主 料	鸡脯肉	150
调辅料	食 盐	1
	白 糖	8
	醋	10
	酱 油	2
	辣椒油	30
	花椒油	适量
	芝麻酱	15
	芝麻油	1
	鸡 精	0.5
	时令生菜	适量
工 具	少司锅、不锈钢方盘、不锈钢汁盆、菜盘、玻璃杯	

制作方法

1. 少司锅中加清水置旺火上，温水下鸡脯肉，旺火煮沸，撇净浮沫后转入小火焖煮，断生时将锅端离火口，以原汤浸泡鸡脯肉至凉透，捞出切成约1厘米粗的丝，与时令生菜一同装入玻璃杯中。

2. 将芝麻酱、酱油、食盐、白糖、醋、鸡精、辣椒油、花椒油、芝麻油调制成怪味味汁，最后将调好的怪味味汁淋于鸡丝上即成。

大厨支招

1. 切制鸡肉应顺着纹路入刀，以利成形。

2. 芝麻酱要先用油澥散方利于调制。

3. 控制好煮制鸡肉的火候和时间，以刚断生为度，并保证有充足的浸泡时间。

四川怪味鸡

怪味，是川菜烹饪的传统味型之一，怪味鸡就是其中的代表作。所谓『怪味』，是指菜品所用的调味汁包含咸、甜、麻、辣、酸、鲜、香七味，各味兼备，互不压抑，相互映衬，是中国烹饪『以和为美』调味哲学的完美体现。

此菜可与红酒或中国白酒、黄酒配搭，也可与甜水面等面食搭配食用。

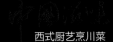
Multi-flavor is a traditional flavor in Sichuan cuisine. And Multi-Flavored Chicken is a typical one. "Multi-flavor" refers to the seven flavors that seasoning sauce contains. They are salty, sweet, numbing, spicy, sour, fragrant and refreshing flavors. This combination of these flavors enhances each other without overpowering. It perfectly reflects the seasoning philosophy "harmony is beauty" in Chinese cuisine.

This dish goes well with red wine, Chinese liquor, Chinese yellow wine, or snacks like Sweet Thick Noodles in Sichuan Style.

Sichuan Multi-Flavored Chicken

I. Ingredients

Main ingredient: 150g chicken breast

Auxiliary ingredients and seasonings: 1g salt, 8g sugar, 10g vinegar, 2g soy sauce, 30g chili oil, 0.5g granulated chicken bouillon, Sichuan pepper oil, 15g sesame paste, 1g sesame oil, seasonal lettuce

II. Cooking utensils and equipment

1 sauce pan, 1 hotel pan, 1 stainless steel soup basin, 1 serving dish, 1 martini glass

III. Preparation

1. Heat water in the sauce pan over a high heat. Several minutes later, add chicken and bring to a boil. Skim floating foam and then simmer with lid. When the chicken is just cooked, remove from heat. Ladle out the chicken when the soup is cool, and cut it into 1cm-thick slivers. Put in a martini glass with lettuce.

2. Mix sesame paste, soy sauce, salt, sugar, vinegar, granulated chicken bouillon, chili oil, Sichuan pepper oil and sesame oil to make seasoning sauce. Finally, drizzle the sauce over the chicken slivers.

IV. Tips from the chef

1. Cut chicken along the grain.

2. Mix sesame paste with sesame oil before seasoning.

3. Control the heat and time when boiling the chicken. Boil till just cooked. Allow enough soak time for chicken in the soup.

Poulet avec multi-saveurs à la sichuannaise

Multi-saveurs est une saveur traditionnelle dans la cuisine du Sichuan, le poulet avec multi-saveurs est bien un plat représentatif. Ce qu'on appelle « Multi-saveurs » désigne sept sortes de sauce d'assaisonnement portent 7 goûts: salé, sucré, poivré, épicé, aigre, exquise et succulent. Ce mélange de saveurs améliore chacune sans maîtriser l'autre. Cela reflète parfaitement la philosophie de l'assaisonnement « la beauté est dans l'harmonie » de la cuisine chinoise.

Ce plat peut aller avec le vin rouge ou l'alcool chinois blanc / jaune, et aussi avec des collations à base de farine comme Nouilles à la sauce épaisse sucrée, etc.

I. Ingrédients

Ingrédient principal: 150g de suprême de poulet

Assaisonnements: 1g de sel, 8g de sucre, 10g de vinaigre, 2 g de sauce de soja, 30g d'huile de piment rouge, certaine huile de poivre du Sichuan, 15g de pâte de sésame, 1g d'huile de sésame, du bouillon de poulet granulé, des laitues fraises

II. Ustensiles et matériels de cuisine

1 russe moyenne, 1plaque à débarrasser, 1 calotte, 1 assiette, 1 verre de cocktail

III. Préparation

1. Versez de l'eau dans la russe moyenne à feu vif, plongez le suprême de poulet dans l'eau tiède et portez à ébullition, l'écumez et baissez le feu pour faire mijoter, lorsque la viande est cuite, hors du feu, laissez le poulet infuser dans le bouillon et refroidir, puis le retirez, taillez le poulet en juliennes de 1cm de diamètre, mettez-les dans le verre avec des laitues.

2. Mélangez la pâte de sésame, la sauce de soja, le sel, le sucre, le vinaigre, le bouillon de poulet granulé, l'huile de piment rouge, l'huile de poivre du Sichuan et l'huile de sésame pour confectionner la sauce de multi-saveurs, arrosez-la sur les juliennes de poulet.

IV. L'astuce du chef

1. Il est préférable de couper le poulet dans le fil pour qu'il soit bien formé.

2. Il faut bien mélanger la pâte de sésame avec de l'huile avant l'assaisonnement.

3. Contrôlez bien le feu et le temps de cuisson lorsque vous mijotez le poulet, il doit être juste cuit, en plus, il faudrait trempez le poulet dans le bouillon suffisamment.

四川酥肉汤

此汤羹可与甜水面等面食搭配食用。

四川农村在春节前有杀年猪的风俗，取下的肉除做腊肉、香肠外，还有一部分会切成片或块状，拌上淀粉后下油锅炸熟，谓之『酥肉』，其味香酥，便于保存。本菜将猪肉变为鸡肉，做成汤菜，质地酥滑软嫩，别有风味。

制作方法

1. 鸡腿肉改刀成两大片，用食盐、五香粉、料酒拌匀码味约15分钟；白萝卜、胡萝卜分别切成圆形厚片；将白萝卜、胡萝卜、豆角入沸水中焯水备用；鸡蛋与淀粉调匀成全蛋糊。

2. 将鸡腿肉均匀裹上全蛋糊，入炸炉以150℃油温炸至皮金黄后捞出滤油，入大汤碗，再加入豆角、白萝卜、胡萝卜、清汤，入蒸柜蒸制45分钟，出柜后撇去浮油装盘即成。

大厨支招

1. 鸡腿肉炸制时以定型为目的。
2. 蒸制时间较长可保证鸡肉酥软、入味。

食材与工具

分 类	原料名称	用量（克）
主 料	鸡腿肉	75
	鸡 蛋	1（个）
	豆 角	1（根）
	白萝卜	75
	胡萝卜	75
调辅料	食 盐	4
	五香粉	0.5
	生 抽	1
	料 酒	1
	淀 粉	50
	鸡清汤	250
工 具	少司锅、炸炉、蒸柜、大汤碗	

Sichuan rural areas have a custom of killing pigs before Spring Festival. Part of pork is used to make bacons and sausages. Other parts are cut into slices or chunks, and deep—fried in oil with starch to make "Golden Fried Meatball," which can be kept for quite a long time. Fried meatball has an aromatic and crispy taste. This soup recipe uses chicken instead of pork, creating special crispy, soft and tender taste.

This soup goes well with snacks like Sweet Thick Noodles in Sichuan Style.

Sichuan Golden Fried Meatball Soup

I. Ingredients

Main ingredients: 75g leg quarter, 1 egg, 1 green bean, 75g radishes, 75g carrots

Auxiliary ingredients and seasonings: 4g salt, 0.5g five spice powder, 1g light soy sauce, 1g cooking wine, 50g starch, 250g chicken stock

II. Cooking utensils and equipment

1 sauce pan, 1 deep-fryer, 1 steamer, 1 big soup bowl

III. Preparation

1. Cut leg quarter into two pieces. Mix them well with salt, five spice powder and cooking wine to marinate for 15 minutes. Cut radishes and carrots into thick round pieces. Blanch radishes, carrots and green beans. Beat egg and starch into egg batter.

2. Coat leg quarter with egg batter, deep-fry in 150℃ deep-fryer till golden brown then ladle out and set in the big soup bowl. Add green bean, radishes, carrots and chicken stock. Steam in the steamer for 45 minutes. Remove the floating oil then transfer to the serving dish.

IV. Tips from the chef

1. Fry leg quarter to form a tasty looking shape.

2. Allow longer steaming time to have soft and rich flavored chicken.

Soupe aux beignets de poulet à la sichuannaise

Dans la zone rurale du Sichuan, il y a une coutume de la tuerie des cochons avant la Fête du Printemps, dont une partie est utilisée pour faire des lards et des saucisses, d'autres pièces sont découpées en tranches ou en morceaux, mélangées d'amidon et frites dans l'huile, soi-disant beignets de porc, ce qui tient une bonne odeur et un goût croustillant. Cette nourriture peut être stockée facilement pour une longue période. Cette recette présente remplace le porc par le poulet et fait de la soupe, pour avoir un goût savoureux, lisse, tendre et croustillant.

Cette soupe peut être servie avec des collations à base de farine comme Nouilles à la sauce épaisse sucrée.

I. Ingrédients

Ingrédients principaux: 75g de cuisse de poulet, 1 œuf, 1 haricot vert, 75g de radis, 75g de carottes

Assaisonnements: 4g de sel, 0.5g de cinq épices en poudre, 1g de sauce de soja légère, 1g de vin de cuisine, 50g d'amidon, 250g de consommé de poulet

II. Ustensiles et matériels de cuisine

1 casserole, 1 friteuse, 1 combi-four à vapeur, 1 grand bol de soupe

III. Préparation

1. Coupez la cuisse de poulet en 2 grandes tranches, macérez avec le sel, 5 épices en poudre et le vin de cuisine pendant 15min; Détaillez les radis et les carottes en tranches rondes épaisses; Faites blanchir les radis, les carottes, l'haricot vert dans l'eau bouillante; Délayez l'œuf avec l'amidon pour confectionner la pâte d'œuf.

2. Passez les tranches de cuisse de poulet dans la pâte d'œuf, faite-les frire dans la friteuse à 150℃ jusqu'à ce qu'elles soient dorées, retirez et égouttez-les, transférez-les dans le bol de soupe, y ajoutez l'haricot vert, les radis, les carottes et le consommé de poulet, enfournez et mettez-les à la vapeur pendant 45min. Eliminez la graisse flottante avant de servir.

IV. L'astuce du chef

1. La friteuse de la cuisse de poulet a pour objectif de garder sa forme originale.

2. Le temps de à la vapeur suffisante permet d'assurer la tendreté, la croustillé du poulet, ainsi que l'absorption des arômes.

四川酸汤肥牛

酸汤肥牛是很多川菜馆的常见菜，其中最重要的辅料之一是加入了四川的泡青菜，也是四川酸汤肥牛最具地域色彩的个性特征。四川泡菜与韩国泡菜、西式泡菜不同，其味咸酸鲜香，质地爽脆，其中的泡辣椒、泡仔姜、泡青菜并称为四川泡菜『三杰』，既可直接佐餐，又可在川菜制作中起调味作用。

此菜可与牛肉焦饼等面点搭配食用。

制作方法

1. 泡青菜、胡萝卜、西芹均切成约1厘米见方的片。

2. 少司锅中加入清水烧沸，将泡青菜、胡萝卜、西芹入沸水中焯水后捞出，装入盛有牛肉清汤的大汤碗中，再用食盐、醋、胡椒粉调好味后入蒸柜蒸制2分钟；另将肥牛片焯水至熟后滤去余水，盛入大汤碗中即成。

大厨支招

1. 肥牛片焯水断生即可，不可久煮。
2. 泡青菜、胡萝卜、西芹切片大小应均匀。

食材与工具

分　类	原料名称	用量（克）
主　料	肥牛片	50
	泡青菜	15
	胡萝卜	25
	西　芹	25
调辅料	醋	3
	食　盐	3
	胡椒粉	1
	牛肉清汤	250
工　具	少司锅、蒸柜、大汤碗	

Sichuan Sour Flavored Beef Soup is a common dish in most Sichuan restaurants. One of the most important seasonings is Sichuan pickled mustard greens, which is a regional feature of this dish. Different from Korean kimchi and western pickles, Sichuan pickles are salty, sour, refreshing and fragrant. Pickled red chili, pickled tender ginger and pickled mustard greens are top three Sichuan pickles. They can be eaten directly in a meal, or used as seasoning in Sichuan cuisine.

This dish goes with snacks like Chinese Griddle Cake with Beef Stuffing.

Sichuan Sour Flavored Beef Soup

I. Ingredients

Main ingredient: 50g fat beef slices

Auxiliary ingredients and seasonings: 3g salt, 15g pickled mustard greens, 25g carrots, 25g celery, 3g vinegar, 1g white pepper powder, 250g beef stock

II. Cooking utensils and equipment

1 sauce pan, 1 steamer, 1 big soup bowl

III. Preparation

1. Cut pickled mustard greens, carrots and celery into 1cm^2 slices.

2. Boil water in the sauce pan and bring to a boil, blanch pickled mustard greens, carrots and celery, and then transfer to the big soup bowl which has beef stock. And season with salt, vinegar and white pepper powder, then steam in the steamer for 2 minutes. Boil water in the sauce pan again to blanch beef till just cooked, remove and drain. Put the beef in the big soup bowl.

IV. Tips from the chef

1. Blanch beef till just cooked. Do not overcook.

2. Cut green vegetable, carrots, parsley into evenly slices.

Soupe de bœuf aux pickles à la sichuannaise

Soupe de bœuf aux pickles est un plat commun dans la plupart des restaurants sichuannais. L'un des assaisonnements les plus importants est les pickles sichuannais, celui représente sa caractéristique caractéristique la plus régionale de ce plat. Différent de kimichi coréen et cornichons occidentaux, les pickles sichuannais sont salés, aigres, délicieux, parfumés et croustillants. Parmi les variantes sortes, les piments rouges marinés, les gingembres tendres marinés et les pickles sont les trois pickles les plus excellents du Sichuan. Ils peuvent être consommés directement dans un repas, et aussi jouent un rôle de l'assaisonnement dans la cuisine du Sichuan.

Ce plat peut aller avec des collations à base de farine comme Galette frite farcie de bœuf, etc.

I. Ingrédients

Ingrédient principal: 50g de tranches de bœuf gras

Assaisonnements: 3g de sel, 15g de pickles, 25g de carotte, 25g de céleri, 3g de vinaigre, 1g de poivre en poudre, 250g de consommé de bœuf

II. Ustensiles et matériels de cuisine

1 russe moyenne, 1 combi-four à vapeur, 1 grand bol de soupe

III. Préparation

1. Détaillez les pickles, la carotte, le céleri en cubes de 1cm.

2. Versez de l'eau dans la russe moyenne et portez à ébullition, faites blanchir les pickles, les cubes de carotte et ceux de céleri dans l'eau bouillante, puis les retirez et mettez-les dans le bol de soupe rempli de consommé de bœuf, assaisonnez avec le sel, vinaigre et de poivre en poudre, faites-les cuire à la vapeur; Blanchissez les tranches de bœuf gras, égouttez-les et mettez-les dans le bol de soupe.

IV. L'astuce du chef

1. Ne pas faites blanchir le bœuf gras longtemps, il doit être juste cuit.

2. Les tailles des cubes de pickles, de carotte et de céleri devraient être égales.

四川坨坨牛肉

坨坨肉的意思就是肉呈块状，因其每一块肉的重量均在二三两上下，一块肉即为一『坨』，故名。坨坨肉是小凉山彝族人民烹制肉食的主要方法。在制作上，不论牛、羊，宰杀后均连骨带肉切成如拳头般大小的块状，用清水煮至八成熟，肉熟后捞起入簸箕内，再撒入蒜水、食盐及花椒等，直接用手取而食之。

此菜可与红酒、Large啤酒或中国白酒、黄酒配搭，还可与清汤抄手或赖汤圆等小吃搭配食用。

食材与工具

分　类	原料名称	用量（克）
主　料	牛腿肉	250
调辅料	红　椒	10
	黄　椒	10
	食　盐	4
	辣椒粉	3
	花椒粉	0.5
	葱　碎	20
	蒜　碎	5
	姜　块	20
	花　椒	5（粒）
	草　果	1（个）
工　具	炖锅、菜盘	

制作方法

1. 将牛腿肉用清水浸漂除去血水，入炖锅内加清水、姜块、花椒、草果同煮至断生捞出冷却备用。
2. 将红椒和黄椒切成小丁。将牛肉改刀成大块，与食盐、辣椒粉、花椒粉、葱碎、蒜碎拌匀装盘，撒红椒丁和黄椒丁装饰即成。

大厨支招

1. 煮制牛肉的程度可依个人口感需求控制时间。
2. 调味料中的辣椒粉、花椒粉用量可依自己的口味而定。

Sichuan Tuotuo Beef

Tuotuo meat means chunks of meat. The weight of each chunk is 4 or 5 ounces, hence its name. Tuotuo meat comes from the Yi ethnic group's cooking method in Xiaoliangshan Mountain. No matter it is beef or lamb, they cut the meat with bones into cubes as big as fists. Boil the meat in water till it is medium well cooked, ladle out and put in bamboo strainers. Sprinkle salt and sift it till salt is absorbed by meat. No other seasonings are added. According to local customs, this is finger food.

This dish goes well with red wine, Large beer, Chinese liquor, Chinese yellow wine, or snacks like Wonton Soup or Lai's Tangyuan (Sweet Rice Dumplings).

I. Ingredients

Main ingredient: 250g beef round

Auxiliary ingredients and seasonings: 10g red bell peppers, 10g yellow bell peppers, 4g salt, 3g chili powder, 0.5g Sichuan pepper powder, 20g scallion (finely chopped), 5g garlic (finely chopped), 20g ginger pieces, 5 Sichuan peppercorns, 1 amomum tsaoko

II. Cooking utensils and equipment

1 braising pan, 1 serving dish

III. Preparation

1. Rinse beef round with water to clean and remove the blood. Boil in the braising pan with water, ginger pieces, Sichuan peppercorns and amomum tsaoko till just cooked, ladle out and cool.

2. Dice red and yellow bell peppers. Cut beef into big chunks, mix well with salt, chili powder, Sichuan pepper powder, scallion and garlic, and then transfer to the serving dish. Decorate with red and yellow bell pepper dice.

IV. Tips from the chef

1. Control the cooking time to have the beef level as you like.

2. Add the amount of chili powder and Sichuan pepper powder as you like.

Pavés de bœuf à la sichuannaise

Viande Tuotuo signifie les pavés de viande. Chaque morceau pèse 200 ou 300 grammes, d'où vient son nom. Viande Tuotuo provient de la cuisson de viande principale de la minorité Yi habitée dans la petite montagne Liangshan. Quant au façonnage, il faut découpez les différentes sortes de viande avec des os en gros pavés, faites-les bouillir jusqu'à 80% cuit, puis les transférez dans le van, parsemez de jus d'ail, de sel et de poivre du Sichuan, etc, les morceaux de viande sont mangés directement avec les mains.

Ce plat peut aller avec le vin rouge, la bière Large ou l'alcool chinois blanc ou jaune, et aussi avec des collations chinoises comme Tangyuan Lai (boulettes de riz gluant fourrées), Soupe de Wonton, etc.

I. Ingrédients

Ingrédient principal: 250g de ronde de bœuf

Assaisonnements: 10g de poivron rouge, 10g de poivron jaune, 4g de sel, 3g de piment rouge en poudre, 0.5g de poivre du Sichuan en poudre, 20g de ciboule hachée, 5g de gousses d'ail hachées, 20g de morceaux de gingembre, 5 graines de poivre du Sichuan, 1 Fructus Tsaoko

II. Ustensiles et matériels de cuisine

1 braisière, 1 assiette

III. Préparation

1. Rincez la ronde de bœuf dans l'eau pour enlever le sang, et la mettez dans la brassière, ajoutez de l'eau, les morceaux de gingembre, les graines de poivre du Sichuan et le fructus tsaoko, laissez bouillir jusqu'à ce que la viande soit juste cuite, retirez la ronde de bœuf et laisser refroidir.

2. Taillez le poivron rouge et le poivron jaune en petits cubes; Découpez la ronde de bœuf en pavés, mélangez-les avec le sel, la poudre de piment rouge, celle de poivre du Sichuan, la ciboule hachée, les gousses d'ail hachées, transférez-les dans l'assiette, garnissez de cubes de poivron rouge et jaune.

IV. L'astuce du chef

1. Le temps cuisson pour le bœuf peut être ajusté selon votre goût propre.

2. La quantité de l'utilisation de la poudre de poivre du Sichuan ainsi que celle de piment rouge peut être rectifiée selon votre goût propre.

糖醋鱼排

此菜可与白葡萄酒、Stout啤酒或中国白酒、黄酒配搭，也可与荷叶夹等面点搭配食用。

式用大比目鱼取代猪排，可说是对传统糖醋味型的创新性运用。本款菜等调辅料，充分体现了『味』与『香』的结合，总体风味更为醇厚。本款菜统菜式。川菜中的糖醋味虽以甜酸味为主，但在调味中还使用了葱、姜、蒜标志性菜品，成菜色泽红亮油润，口味香脆酸甜，是一道深受大众喜爱的传『糖醋味』是中国各大菜系都有的一种味型，糖醋排骨可谓是其中的

食材与工具

分　类	原料名称	用量（克）
主　料	大比目鱼鱼柳	150
调辅料	葱　碎	30
	姜　碎	5
	蒜　碎	10
	食　盐	6
	白　糖	60
	醋	50
	面　粉	25
	料　酒	10
	鸡　蛋	1（个）约50克
	干细淀粉	50
	花生油	50
	鱼高汤	适量
工　具	不锈钢方盘、不锈钢汁盆、菜盘、煎铲、木搅板、炸炉、少司锅、味碟	

制作方法

1. 将鸡蛋、干细淀粉、花生油调成全蛋糊备用。

2. 大比目鱼鱼柳改刀成长约8厘米、宽约6厘米的块，以食盐、料酒码味约15分钟。

3. 将码好味的鱼块均匀沾裹上全蛋糊，入温度为120~150℃的炸炉中炸至外酥内嫩捞出装盘备用；少司锅内加入花生油，下面粉炒散，并下姜碎、蒜碎、葱碎炒香，之后加入鲜汤烧沸，滤渣后加入食盐、白糖、醋调味，起锅装入碟中与鱼块同上即成。

大厨支招

1. 糖醋味应是在咸鲜味的基础上突出甜酸香浓，其味与茄汁味有区别。

2. 糖醋少司适宜与鸡肉、鱼类等搭配。

"Sweet and sour" is a common flavor in all culinary schools in China. The most famous dish is Sweet-and-Sour Spareribs, which has bright reddish brown color and sweet and sour taste.

However, in Sichuan cuisine, sweet and sour flavor was improved by adding scallion, ginger and garlic to have more savory tastes, which fully represents the combination of "flavor" and "fragrance". This recipe adopts flatfish instead of spareribs. Sweet-and-Sour Fish is an innovative application of traditional sweet and sour flavor.

This dish goes well with white wine, Stout beer or Chinese liquor, Chinese yellow wine, or snacks like Steamed Lotus Leaf Shaped Bun.

Sweet-and-Sour Fish

I. Ingredients

Main ingredient: 150g flatfish fillet

Auxiliary ingredients and seasonings: 30g scallion (finely chopped), 5g ginger (finely chopped), 10g garlic (finely chopped), 6g salt, 60g sugar, 50g vinegar, 25g all-purpose flour, 10g cooking wine, 1 egg (about 50g), 50g dry and refined starch, 50g peanut oil, fish fumet

II. Cooking utensils and equipment

1 hotel pan, 1 stainless steel soup basin, 1 serving dish, 1 slotted spatula, 1 wooden spoon, 1 deep-fryer, 1 sauce pan, 1 saucer

III. Preparation

1. Beat egg, starch and peanut oil into egg batter.

2. Cut flatfish fillet into 8cm-long and 6cm-wide pieces, and marinate with salt and cooking wine for 15 minutes.

3. Coat the fish pieces with egg batter, fry in 120-150℃ deep-fryer till it is crispy outside and tender inside, and then ladle out and transfer to the serving dish. Add peanut oil in the sauce pan, stir-fry with flour, and add ginger, garlic and scallion and continue to stir-fry till aromatic. Add fish fumet and bring to a boil. Strain the sediment and season with salt, sugar and vinegar. Remove from heat and transfer to the saucer, and then serve with fish.

IV. Tips from the chef

1. Highlight the sweet and sour flavor with the basic salty and savory taste. It's different from tomato sauce flavor.

2. Sweet and sour sauce is a well match with chicken and fish.

Poisson frit aigre-doux à la sichuannaise

Le goût « aigre-doux » est une saveur commune dans toutes les écoles culinaires chinoises. Le plat le plus célèbre est « Travers de porc aigre-doux », grâce à sa couleur rouge brillante et son goût sucré, acide et salé, ce plat traditionnel est bien-aimé. En procédant la confection de la sauce aigre-douce du Sichuan, on a ajouté les assaisonnements supplémentaires comme l'échalote, le gingembre et l'ail pour un goût plus savoureux. Cela représente pleinement une combinaison de « saveur » et « parfum ». Cette recette adopte le turbot au lieu des travers de porc, est une application innovante de la saveur traditionnelle aigre-douce.

Ce plat peut aller avec le vin blanc, la bière Stout ou l'alcool chinois blanc ou jaune, et aussi avec des collations à base de farine comme Brioche à la vapeur en forme de feuille de lotus, etc.

I. Ingrédients

Ingrédient principal: 150g de filet de turbot

Assaisonnements: 30g de ciboule hachée, 5g de gingembre haché, 10g de gousses d'ail hachées, 6g de sel, 60g de sucre, 50g de vinaigre, 25g de farine, 10g de vin de cuisine, 1 œuf (environ 50g), 50g d'amidon fin, 50g d'huile d'arachide, certaine quantité de fumet de poisson

II. Ustensiles et matériels de cuisine

1 plaque à débarrasser, 1 calotte, 1 assiette, 1 spatule ajourée, 1 culière en bois, une friteuse, 1 russe moyenne, 1 assiette à tremper

III. Préparation

1. Mêlez l'œuf, l'amidon fin et l'huile de salade pour confectionner la pâte d'œuf.

2. Taillez le filet de turbot en morceaux de 8cm de longueur et 6cm de largeur, macérez les morceaux avec le sel et le vin de cuisine pendant 15min.

3. Passez les morceaux de filet de turbot macérés dans la pâte d'œuf, faites-les frire dans la friteuse à 120-150℃ jusqu'à ce qu'ils soient croustillants à l'extérieur et tendres à l'intérieur, retirez-les et transférez dans l'assiette pour l'utilisation suivante; Ajoutez l'huile d'arachide dans la russe moyenne, faites sauter la farine pour qu'elle se lâche, ajoutez le gingembre haché, les gousses d'ail hachées, la ciboule hachée, puis versez le fumet de poisson et portez à ébullition, filtrez le reste des assisonnements, puis ajoutez le sel, le sucre et le vinaigre, transférez-les dans l'assiette à tremper, et présentez-la ensemble avec les morceaux de filet de turbot.

IV. L'astuce du chef

1. La sauce aigre-douce devrait se se baser sur le goût salé et mettre en évidence le goût aigre-doux, qui est différent de ketchup.

2. La sauce aigre-douce est adaptée à se servir avec le poulet et le poisson, etc.

成都担担面

担担面是成都的著名小吃。相传1841年由绰号『陈包包』者始创于自贡市，最初因挑担沿街叫卖而得名。面条手工擀制，用四川特产叙府芽菜调味，面条滑利爽口，芽菜香味浓郁，风味独特，名不虚传。此面可与罗宋汤等汤菜搭配食用。

制作方法

1. 平底煎锅加橄榄油烧至90℃，放入猪绞肉炒散籽，加料酒、胡椒粉、食盐，用中小火炒至猪肉色泽金黄、质地香酥后加甜面酱炒匀成面臊。
2. 调制味汁：将食盐、酱油、醋、鸡精、白糖、花椒粉、芝麻酱、芽菜一起搅拌均匀成味汁；将味汁装入汤碗内，再加入红油辣椒和葱碎。
3. 少司锅内加水烧沸放入意面，煮熟后捞出沥干水分，加橄榄油20克拌匀后盛入汤碗中，把面臊浇在面条上，撒上卷须生菜即成。

大厨支招

1. 猪绞肉肥度比例为"肥三瘦七"，不宜绞得过细。
2. 调制味汁时，注意白糖和醋不宜过多。

食材与工具

分 类	原料名称	用量（克）
主 料	意 面	350
	猪绞肉	150
调辅料	芽 菜	20
	卷须生菜	10
	橄榄油	50
	酱 油	30
	食 盐	10
	红油辣椒	40
	鸡 精	6
	葱 碎	30
	料 酒	5
	醋	6
	白 糖	8
	花椒粉	5
	芝麻酱	10
	甜面酱	6
工 具	平底煎锅、少司锅、汤碗	

165

Dandan Noodles is a famous Chengdu street food. It is said that a person nicknamed "Baobao Chen" invented this noodle in Zigong City in 1841. He walked along the street selling noodles carried in two buckets with a shoulder bamboo pole called "dandan" in local dialect. Dandan Noodles is delicious because of hand-made noodles and Sichuan seasoning Xufu yacai (preserved mustard greens). And the spicy sauce is a perfect match for the served pork.

This noodle goes well with soup dishes like Russian Borsch.

Chengdu Dandan Noodles

I. Ingredients

Main Ingredients: 350g spaghetti, 150g minced pork

Auxiliary ingredients and seasonings: 20g Xufu yacai (preserved mustard greens), 10g frisee, 50g olive oil, 30g soy sauce, 10g salt, 40g chili oil, 6g granulated chicken bouillon, 30g scallion (finely chopped), 5g cooking wine, 6g vinegar, 8g sugar, 5g Sichuan pepper powder, 10g sesame paste, 6g fermented flour paste

II. Cooking utensils and equipment

1 frying pan, 1 sauce pot, 1 soup bowl

III. Preparations

1. Heat olive oil to 90℃ in the frying pan, slide in minced pork and stir-fry to separate. Mix with cooking wine, Sichuan pepper powder and salt. Continue to stir-fry the pork over a medium-low heat till it becomes golden brown and aromatic. Mix well

with fermented flour paste to make topping.

2. Sauce: mix salt, soy sauce, vinegar, granulated chicken boullion, sugar, Sichuan pepper powder, sesame paste and yacai in the soup bowl. Add chili oil and scallion.

3. Boil spaghetti in boiling water in the sauce pot, ladle out and drain when cooked through, add 20g olive oil and blend well. Transfer the spaghetti into the serving bowl, top with the stir-fried minced pork and sprinkle with frisee.

VI. Tips from the chef

1. Select brisket, plate, flank and chunk part of pork to make topping.

2. Do not put too much sugar and vinegar when making the sauce.

Nouilles Dandan de Chengdu

Nouilles Dandan est une collation de Chengdu très connue. Selon la légende, cette recette fut créée par une personne s'appelle « Baobao Chen » en 1841, dans la ville de Zi gong (ville du Sichuan). Avant d'être connu, il vendit les nouilles en portant la palanche (on dit Dandan en chinois) sur l'épaule. Grace à l'assaisonnement sichuannais-Yacai et son façonnage des nouilles manuel, cette collation tient un goût délicat et fort en Yacai.

Ce plat peut être servi avec des plats de soupe comme Bortsch, etc.

I. Ingrédients

Ingrédients principaux: 350g de spaghettis, 150g de porc haché

Assaisonnements: 20g de Yacai, 50g d'huile d'olive, 30g de sauce de soja, 10g de sel, 40g d'huile de piment rouge, 6g de bouillon de poulet granulé, 30g de ciboule hachée, 5g de vin de cuisine, 6g de vinaigre, 8g de sucre, 5g de poivre du Sichuan, 10g de pâte de sésame, 6g de pâte de farine fermentée, 10g de frisée

II. Ustensiles et matériels de cuisine

1 sauteuse, 1 petit bol de soupe, 1 russe moyenne

III. Préparation

1. Faites chauffer l'huile d'olive à 90℃, faites revenir le porc haché pour qu'il se détache, ajoutez le vin de cuisine, le poivre en poudre, le sel, faites sauter le porc haché sur feu doux jusqu'à ce qu'il soit croustillant et brillant, puis mettez la pâte de farine fermentée et sautez-les bien pour réaliser la pâte de porc hachée.

2. Sauce: dans le bol de soupe, mélangez bien le sel, la sauce de soja, le vinaigre, le bouillon de poulet granulé, le sucre, le poivre en poudre, la pâte de sésame et le Yacai, puis ajoutez l'huile de piment rouge et la ciboule hachée.

3. Versez de l'eau dans la russe moyenne et portez à ébullition, et plongez-y les spaghettis, laissez-les cuire puis sortez-les à l'aide des baguettes, égouttez et mélangez-les avec 20g d'huile d'olive, et transférez-les dans le bol de soupe, arrosez de pâte de porc hachée puis garnissez de frisée.

IV. L'astuce du chef

1. Il est nécessaire de choisir la poitrine du porc, ce n'est pas bien de la hacher trop finement.

2. Lorsque la confection de la sauce d'assaisonnement, faites attention à ne pas ajouter trop de sucre ni vinaigre.

成都汉堡包

成都汉堡包源于西式的汉堡包，是一道中西结合的创新点心。它以中式的发面作锅盔的皮，配上西式的培根、洋葱、胡萝卜和生菜做成馅，成品色泽艳丽，营养丰富。

此点心可与酸辣虾羹汤、糖醋鱼排等菜品搭配食用。

食材与工具

分 类	原料名称	用量（克）
主 料	面 粉	150
	培 根	150
	洋 葱	100
	胡萝卜	100
	生 菜	200
调辅料	酵 母	2
	泡打粉	1
	奶 粉	10
	白 糖	10
	猪 油	10
	料 酒	5
	酱 油	8
	食 盐	8
	鸡 精	1
	花椒粉	1
	姜 碎	5
	温 水	80
	奶酪片	20（片）
	橄榄油	50
工 具	切刀、蒸柜、平底煎锅、方盘	

制作方法

1. 面粉中加酵母、泡打粉、奶粉、白糖、猪油和温水调制成光滑的面团，盖上湿毛巾醒发5分钟。

2. 培根、洋葱、胡萝卜分别用切刀切成约0.5厘米见方的薄片；平底煎锅加橄榄油烧热，放入培根、胡萝卜、洋葱炒香，加料酒、姜碎、食盐、鸡精、酱油炒香上色后起锅，加入花椒粉拌匀为馅心。

3. 将面团搓成长条，再切成重约20克的面剂，将其反复搓揉光滑，并压成厚约1.5厘米的圆饼状锅盔生坯。

4. 将生坯放入刷上油的蒸屉内，充分醒发后，入蒸柜内蒸约7分钟至熟；平底煎锅内加少许橄榄油烧热，放入蒸熟的锅盔将其表面煎成金黄色后取出，将锅盔逢中横剖为二，放入生菜、馅心和奶酪片装盘即可。

大厨支招

1. 面团应充分揉至光滑、细腻。

2. 生坯成形后应充分醒发，否则易出现"死面"的现象。

Originating from western style hamburger, Chengdu Hamburger is an innovative snack using Guokui stuffed with bacon, onion, carrot and lettuce. Guokui is round baked bread. This dish is nourishing with delightful colors.

This hamburger goes well with dishes like the Hot and Sour Shrimp Chowder, Sweet and Sour Fish Fillet.

Chengdu Hamburger

I. Ingredients

Ingredients: 150g flour, 150g bacon, 100g onion, 100g carrots, 200g lettuce

Auxiliary ingredients and seasonings: 2g yeast, 1g baking powder, 10g milk powder, 10g sugar, 10g lard, 5g cooking wine, 8g soy sauce, 8g salt, 1g granulated chicken bouillon, 1g Sichuan pepper powder, 5g ginger (finely chopped), 80g warm water, 20 cheese slices, 50g olive oil

II. Cooking utensils and equipment

1 kitchen knife, 1 steamer, 1 frying pan, 1 rectangle plate

III. Preparation

1. Mix flour and yeast, baking powder, milk powder, sugar, lard and warm water to knead into smooth dough, cover with a wet towel to leaven for 5 minutes.

2. Cut bacon, onion and carrots into 0.5cm² slices separately. Heat olive oil in the frying pan till hot, add bacon, carrot and onion to stir-fry till aromatic. And then add cooking wine, ginger, salt, granulated chicken bouillon and soy sauce to stir-fry till fragrant and colored, remove from the pan. Blend with Sichuan pepper powder to make stuffing.

3. Knead and roll the dough into a log cylinder, cut into 20g sections. Knead over and over till the dough is smooth. Flatten each portion into 1.5cm-thick round Guokui.

4. Smear the steamer pan with oil, and put the Guokui in to wait for it fully rises. Then steam them in the steamer for about 7 minutes till cooked through. Heat a little olive oil in the frying pan till hot, slide in the steamed Guokui to fry till the surface is golden brown, then remove. Cut the Guokui in half (hamburger bun style while leaving the bread connected), stuff with lettuce, stuffing and cheese slices then serve on the rectangle plate.

IV. Tips from the chef

1. Knead the dough till smooth.

2. Allow enough time for the dough to leaven.

Hamburger à la chengdunnaise

Hamburger de style Chengdu est inspiré de hamburger occidental, qui est aussi une collation créative combinant de style chinois et occidental. En utilisant la petite galette grillée chinoise, garni de bacon, oignon, carotte et de salade, ce plat tient une belle couleur, délicieux et nourrissant.

Ce casse-croûte peut aller avec des plats comme Soupe épaisse de crevettes aigre-épicée et Poisson frit aigre-doux à la sichuannaise, etc.

I. Ingrédients

Ingrédients principaux: 150g de farine, 150g de bacon, 100g d'oignons, 100g de carottes, 200g de salade

Assaisonnements: 2g de levure, 1g de levure chimique, 10g de lait en poudre, 10g de sucre, 10g de gras de porc, 5g d vin de cuisine, 8g de sauce de soja, 8g de sel, 1g de bouillon de poulet granulé, 1g de poivre du Sichuan en poudre, 5g de gingembre haché, 20 tranches de fromage, 50g d'huile d'olive, 80g d'eau tiède

II. Ustensiles et matériels de cuisine

1 couteau de cuisine, 1 combi-four à vapeur, 1 sautoir, assiette carrée

III. Préparation

1. Délayez la farine avec la levure, la levure chimique, le lait en poudre, le sucre, le gras de porc et l'eau tiède pour l'obtention d'une pâte homogène et lisse. Couvrez d'une serviette humide et laissez reposer pendant 5min.

2. Coupez le bacon, les oignons et les carottes en fines tranches de 0.5cm d'épaisseur; Faites chauffer l'huile d'olive puis jetez et sautez ces tranches jusqu'à faire ressortir des arômes, ajoutez le vin de cuisine, le gingembre haché, le sel, le bouillon de poulet granulé, et la sauce de soja, continuez de faire sauter jusqu'à obtenir une belle coloration, retirez-les et mélangez bien avec le poivre du Sichuan en poudre pour réaliser la farce.

3. Pétrissez la pâte de farine en forme de bande et taillez-la en petits morceaux de 20g, continuez de les pétrir jusqu'à ce qu'elles soient souples et lisses, puis aplatissez-les en petites galettes de 1.5cm d'épaisseur.

4. Posez les petites galettes dans le compartiment du four huilé, laissez-les reposer à se lever entièrement, mettez-les à la vapeur pendant 7min jusqu'à ce qu'elles soient cuites; Arrosez un peu d'huile d'olive dans le sautoir, faites chauffer l'huile et faites dorer les galettes cuites. Retirez les galettes et ouvrez chaque galette, farcissez de salades, de farce, et de fromages, présentez-les dans l'assiette.

IV. L'astuce du chef

1. Il faut bien pétrir la pâte pour qu'elle soit lisse et fine.

2. C'est mieux de laisser la pâte se détendre suffisamment pour qu'elle ne soit pas être dure.

成都火腿土豆饼

火腿土豆饼曾是四川省彭州市的名小吃之一。当地人喜欢在土豆泥中包入各种馅心，馅心一般分为甜、咸两种，火腿土豆饼是咸馅品种的代表之一。

此点心可与开水白菜、酸辣虾羹汤等汤菜搭配食用。

制作方法

1. 土豆洗净、去皮，用切刀切厚片入蒸柜蒸熟，取出压成土豆泥，加入澄粉、少许精盐和花椒粉拌匀成土豆面团。

2. 火腿切成小颗粒；平底煎锅内加橄榄油烧至90℃，放入猪绞肉炒散，再加料酒、胡椒粉、姜碎、食盐、酱油炒香起锅，晾凉后加入花椒粉、芝麻油、火腿粒、鸡精和葱碎拌匀成馅心。

3. 将土豆面团揉匀，切成重约20克的面剂，包入馅心，收口后按成圆饼，粘上蛋液后再裹上一层面包糠即成饼坯。

4. 平底锅内加橄榄油烧至100℃，放入饼坯煎至定型及两面均成浅黄色后起锅，再放入炉温为180℃的烤炉中烤约5分钟取出装盘即成。

大厨支招

1. 蒸制土豆时控制好时间，以刚熟为佳。
2. 控制好煎制饼坯的油温；注意烤制的炉温和时间。

食材与工具

分 类	原料名称	用量（克）
主 料	土 豆	250
	猪绞肉	120
调辅料	熟火腿	30
	澄 粉	40
	料 酒	3
	食 盐	2
	鸡 精	0.5
	胡椒粉	0.5
	花椒粉	1
	酱 油	6
	芝麻油	6
	姜 碎	5
	葱 碎	10
	鸡蛋液	50
	面包糠	50
	橄榄油	80
工 具	切刀、平底煎锅、蒸柜、烤炉、圆盘	

It used to be a famous street food in Pengzhou city in Sichuan. Local people prefer to have the potato cake stuffed with all kinds of fillings. Generally, the fillings have two kinds of flavor: sweet and salty. And Potato Cake with Ham is a typical salty one.

This snack goes well with dishes like Napa Cabbage in Consommé, Hot and Sour Shrimp Chowder.

Chengdu Potato Cake with Ham

I. Ingredients

Main ingredients: 250g potatoes, 120g minced pork

Auxiliary ingredients and seasonings: 30g cooked ham, 40g wheat starch, 3g cooking wine, 2g salt, 0.5g granulated chicken bouillon, 0.5g white pepper powder, 1g Sichuan pepper powder, 6g soy sauce, 6g sesame oil, 5g ginger (finely chopped), 10g scallion (finely chopped), 50g beaten egg, 50g breadcrumbs, 80g olive oil

II. Cooking utensils and equipment

1 kitchen knife, 1 frying pan, 1 steamer, 1 oven, 1 round plate

III. Preparation

1. Peel and rinse potatoes, cut into thick slices and steam in the steamer till cooked through. Then press into mashed potato, and mix well with wheat starch, a pinch of salt and Sichuan pepper powder into potato dough.

2. Cut ham into small cubes. Heat olive oil to 90℃ in the frying pan, slide in minced pork and stir-fry to separate, add cooking wine, white pepper powder, ginger, salt and soy sauce to stir-fry till aromatic. Remove till it cools, then add Sichuan pepper powder, sesame oil, ham cubes, granulated chicken bouillon and scallion to make stuffing.

3. Knead the potato dough, cut into 20g sections. Wrap up the stuffing with a dough section, flatten to a round pancake. Coat with the beaten egg, and then with breadcrumbs.

4. Heat the frying pan with olive oil to 100℃, fry the pancakes till light yellow on both sides, and then bake in 180℃ oven for 5 minutes. Serve on the round plate.

IV. Tips from the chef

1. Control the steaming time till the potato slices just cooked.

2. Control the frying temperature, the baking temperature and the baking time.

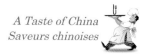
Petite galette de pommes de terre au jambon

Petite galette de pommes de terre au jambon était un casse-croûte célèbre de la ville de Pengzhou (ville du Sichuan). Les habitants locaux aiment bien de confectionner la galette de pommes de terre fourrée aux différents remplissages. En général, les remplissages ont deux sortes de saveur: sucré et salé, ce casse-croûte est représentatif de celle salée.

Cette collation peut aller avec des plats de soupe comme Chou de Chine au consommé, Soupe épaisse de crevettes aigre-épicée, etc.

I. Ingrédients

Ingrédients principaux: 250g de pommes de terre, 120g de porc haché

Assaisonnements: 30g de jambon cuit, 40g d'amidon de blé, 3g de vin de cuisine, 2g de sel, 0.5g de bouillon de poulet granulé, 0.5g de poivre en poudre, 1g de poivre du Sichuan en poudre, 6g de sauce de soja, 6g d'huile de sésame, 5g de gingembre haché, 10g de ciboule hachée, 50g d'œuf battu, 50g de chapelure, 80g d'huile d'olive

II. Ustensiles et matériels de cuisine

1 couteau de cuisine, 1 sautoir, 1 combi-four à vapeur, 1 assiette ronde

III. Préparation

1. Lavez, pelez les pommes de terre et les découpez en tranches épaisses, mettez-les à la vapeur, puis les retirez et les écrasez en purée, incorporez avec l'amidon de blé, un peu de sel et le poivre en poudre, mélangez-les bien pour avoir une pâte de pommes de terre homogène.

2. Découpez le jambon en petits cubes; Faites chauffer l'huile d'olive à 90℃, jetez le porc haché et faites revenir jusqu'à ce qu'il se détache, ajoutez le vin de cuisine, le poivre en poudre, le gingembre haché, le sel, la sauce de soja, sautez-les jusqu'à faire ressortir des arômes, retirez-les et laissez reposer à refroidissement, réalisez la farce par le mélange poivre en poudre-huile de sésame-cubes de jambon-bouillon de poulet granulé-ciboule hachée.

3. Pétrissez la pâte de pomme de terre, et taillez-la en sections de 20g, fourrez la pâte avec la farce et les aplatissez en galettes rondes, passez chaque galette dans l'œuf battu, et l'enrobez d'une couche de chapelure.

4. Faites chauffer l'huile d'olive à 100℃, faites les galettes dorer jusqu'à ce que les deux faces soient en jaune claire et formées, retirez-les et enfournez à 180℃ pendant 5min, puis les transférez dans l'assiette ronde.

IV. L'astuce du chef

1. Contrôlez bien le temps de cuisson à la vapeur, les pommes de terre doivent être juste cuites.

2. Contrôlez bien la température de l'huile lorsque vous faites dorer les galettes, ainsi que celle au four et le temps de cuisson.

中國滋味
西式厨艺烹川菜

葱香花卷

葱香花卷是非常大众化的四川面点，川人常常以其作为早餐食用。此面点以发酵面团制作而成，配上花椒粉和香葱，成品松泡绵软、葱香浓郁，口感微麻，风味独特。

此面点可与回锅肉等菜品搭配食用。

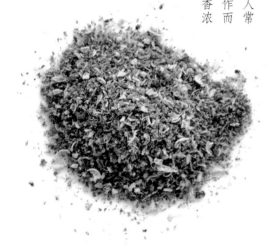

食材与工具

分 类	原料名称	用量（克）
主 料	面 粉	150
	酵 母	2
	泡打粉	1
	白 糖	30
	猪 油	10
调辅料	温 水	80
	葱 碎	50
	花椒粉	2
	食 盐	3
	橄榄油	50
工 具	擀面棍、油刷、切刀、蒸柜、圆盘	

制作方法

1. 面粉中加酵母、泡打粉、白糖、猪油和温水调制成光滑面团，盖上湿毛巾醒发5分钟。

2. 将面团擀成厚约0.5厘米的长方形片，用油刷刷上橄榄油，均匀地撒上花椒粉、食盐和葱碎，再卷成圆筒，搓成长条，用刀切成宽约3厘米的剂子，再用手捏成绣球形花卷生坯。

3. 将生坯充分醒发后，放入蒸柜内蒸制10分钟取出装盘即可。

大厨支招

1. 面团应充分揉制均匀，使其表面光滑、细腻。

2. 成形时应将花椒粉、食盐和葱碎涂抹均匀，醒发要充分。

3. 蒸制时控制好时机和时间。

Huajuan is a kind of steamed bun, which shaped like flowers on the top. It is common breakfast in Sichuan. It is made with fermented dough with Sichuan pepper powder and onion chives. Huajuan has soft, puffy texture and slightly numbing flavor.

This pastry food goes well with dishes like Twice-Cooked Pork.

Scallion Flavor Steamed Huajuan (Flower Roll)

I. Ingredients

Ingredient: 150g flour

Auxiliary ingredients and seasonings: 2g yeast, 1g baking powder, 30g sugar, 10g lard, 80g warm water, 50g scallion (finely chopped), 2g Sichuan pepper powder, 3g salt, 50g olive oil

II. Cooking utensils and equipment

1 rolling pin, 1 basting brush, 1 kitchen knife, 1 steamer, 1 round plate

III. Preparation

1. Mix flour and yeast, baking powder, sugar, lard and warm water to knead into smooth dough. Cover the dough with a wet towel and let rest in room temperature to leaven.

2. Roll out the dough into 0.5cm thick rectangle piece, brush the piece with some olive oil, and sprinkle with Sichuan pepper powder, salt and scallion evenly. Then roll up the piece from one side into the shape of a log cylinder. Knead it into a roll, cut it into 3cm wide sections. Stretch both sides with hands, then twist it around to make a ball shape dough.

3. Leaven the dough thoroughly, steam in the steamer for 10 minutes, and serve on the round plate.

IV. Tips from the chef

1. Mix the ingredients with dough well and knead to have smooth dough.

2. Spread Sichuan pepper powder, salt and scallion evenly. Allow enough time for the dough to leaven.

3. Control steaming time.

Rouleau de ciboule hachée à la vapeur

Rouleau de ciboule hachée à la vapeur est un plat à base de farine populaire du Sichuan, les Sicuhannais le prennent souvent comme petit déjeuner. Cet aliment est fait avec de la pâte levée mélangé de poivre du Sichuan en poudre et de ciboule hachée. Ce rouleau cuit à la vapeur tient une texture moelleuse et gonflée, fort à la ciboule, un peu poivré et exceptionnel.

Ce plat à base de farine peut être servie avec le plat comme Porc cuit deux fois, etc.

I. Ingrédients

Ingrédient principal: 150g de farine

Assaisonnements: 2g de levure, 1g de levure chimique, 30g de sucre, 10g de gras de porc, 80g d'eau tiède, 50g de ciboule hachée, 2g de poivre du Sichuan en poudre, 3g de sel, 50g d'huile d'olive

II. Ustensiles et matériels de cuisine

1 rouleau à pâtisserie, 1 pinceau plat, 1 couteau de cuisine, 1 combi-four à vapeur, 1 assiette ronde

III. Préparation

1. Incorporez la levure, la levure chimique, le sucre, le gras de porc et l'eau tiède dans la farine pour faire une pâte lisse et homogène, couvrez d'un linge humide pendant 5min.

2. Etalez la pâte en tranche rectangle de 0.5cm d'épaisseur, enduisez d'huile d'olive, parsemez de poivre du Sichuan en poudre, de sel et de ciboule hachée, puis enroulez la pâte en allongeant, taillez

la pâte en morceaux de 3cm long, formez chaque morceau en apparence de fleur.

3. Laissez les morceaux de pâte crue à se lever suffisamment et mettez-les à la vapeur pendant 10min, transférez-les dans l'assiette.

IV. L'astuce du chef

1. Il vaut mieux de bien pétrir la pâte pour obtenir une texture homogène, lisse et fine.

2. Vous devez parsemez uniment de poivre du Sichuan en poudre, de sel et de ciboule hachée, et laissez la pâte se bien détendre.

3. Contrôlez bien la température et le temps à la vapeur.

豆芽包子

豆芽包子是一款颇具四川风味的家常面点，在豆芽、猪肉制成的馅心中，加入四川的郫县豆瓣和花椒粉，色泽红亮，口味鲜美，风味鲜明。

此面点可与赖汤圆等小吃搭配食用。

制作方法

1. 面粉中加酵母、泡打粉、白糖、猪油和温水调制成光滑的面团，盖上湿毛巾醒发5分钟。

2. 黄豆芽洗净，用刀剁成小颗粒；平底煎锅加橄榄油烧至90℃，放入猪肉末炒散籽，加料酒炒干水汽，放入姜碎、郫县豆瓣炒香上色，加食盐、鸡精、胡椒粉、酱油调味，再放入豆芽颗粒炒断生起锅，撒入葱碎、花椒粉，冷后拌匀成馅心。

3. 将面团搓成长条，切成重约20克的剂子，擀成中间厚边缘薄的圆片，装入馅心捏成包子生坯。

4. 将生坯放入刷上油的蒸屉内，待其充分发酵后，入蒸柜蒸约10分钟取出装盘即成。

大厨支招

1. 黄豆芽不可久炒，断生即可。
2. 生坯成形后应充分醒发。

食材与工具

分 类	原料名称	用量（克）
主 料	面 粉	150
	猪肉末	150
	黄豆芽	150
调辅料	酵 母	2
	泡打粉	1
	白 糖	15
	猪 油	10
	温 水	100
	郫县豆瓣	15
	食 盐	1
	鸡 精	1
	料 酒	5
	胡椒粉	1
	酱 油	5
	姜 碎	1
	葱 碎	10
	花椒粉	1
	橄榄油	50
工 具	平底煎锅、擀面棍、油刷、切刀、蒸柜、圆盘	

Soybean Sprouts Stuffed Baozi is a typical Sichuan-flavor pastry. It has a unique flavor because of Pixian chili bean paste and Sichuan pepper powder.

This pastry goes well with snacks like Lai's Tangyuan (Sweet Rice Dumplings).

*S*oybean Sprouts Stuffed Baozi (Steamed Stuffed Bun)

I. Ingredients

Main ingredients: 150g flour, 150g minced pork, 150g soybean sprouts

Auxiliary ingredients and seasonings: 2g yeast, 1g baking powder, 15g sugar, 10g lard, 100g warm water, 15g Pixian chili bean paste, 1g salt, 1g granulated chicken bouillon, 5g cooking wine, 1g white pepper powder, 5g soy sauce, 1g ginger (finely chopped), 10g scallion (finely chopped), 1g Sichuan pepper powder, 50g olive oil

II. Cooking utensils and equipment

1 frying pan, 1 rolling pin, 1 basting brush, 1 kitchen knife, 1 steamer, 1 round plate

III. Preparation

1. Mix flour and yeast, baking powder, sugar, lard and warm water to make smooth dough. Cover the dough with a wet towel to leaven for 5 minutes.

2. Rinse, clean and chop soybean sprouts. Heat olive oil to 90℃ in the frying pan, add minced pork to stir-fry to separate. Add cooking wine and continue to stir-fry to vaporize, then add ginger and Pixian chili bean paste to stir-fry till colored and aromatic. Blend with salt, granulated chicken bouillon, white pepper powder and soy sauce to flavor. Last, add soybean sprouts to stir-fry till just cooked, remove and sprinkle with scallion and Sichuan pepper powder. Mix well when it cools to make stuffing.

3. Knead and roll the dough into a log cylinder, cut into 20g sections. And then press and roll to shape each section into a round and center-thick wrapper. Put some stuffing on the center of the wrapper, and gather up the edges to enclose the stuffing, twisting and pressing to seal.

4. Grease the steamer inside, place the buns in it, and wait till they thoroughly leaven. And then steam for 10 minutes and serve on the round plate.

IV. Tips from the chef

1. Fry soybean sprouts quickly till just cooked.

2. Allow enough time for buns to leaven.

Brioche à la vapeur aux germes de soja

Brioche à la vapeur aux germes de soja est un casse-croûte sichuannais à base de farine ordinaire. La farce est incorporée du poivre du Sichuan et de la pâte aux fèves et aux piments de Pixian, cela apporte une couleur rouge brillante et un goût succulent.

Ce casse-croûte peut être servi avec des collations chinoises comme Tangyuan Lai (boulettes de riz gluant fourrées), etc.

I. Ingrédients

Ingrédients principaux: 150g de farine, 150g de porc haché, 150g de germes de soja

Assaisonnement: 2g de levure, 1g de levure chimique, 15g de sucre, 10g de gras de porc, 100g d'eau tiède, 15g de pâte aux fèves et aux piments de Pixian, 1g de sel, 1g de bouillon de poulet granulé, 5g de vin de cuisine, 1g de poivre en poudre, 5g de sauce de soja, 1g de gingembre haché, 10g de ciboule hachée, 1g de poivre du Sichuan, 50g d'huile d'olive

II. Ustensiles et matériels de cuisine

1 sauteuse, 1 rouleau à pâtisserie, 1 pinceau plat, 1 couteau de cuisine, 1 combi-four à vapeur, 1 assiette ronde

III. Préparation

1. Incorporez la levure, la levure chimique, le sucre, le gras de porc et l'eau tiède dans la farine. Mêlez-les bien pour avoir une pâte lisse et souple, couvrez-la d'une serviette humide et laissez lever pendant 5min.

2. Lavez les germes de soja, hachez-les; Faites chauffer l'huile d'olive à 90℃ dans la sauteuse, jetez le porc haché et faites revenir pour qu'il se détache, ajoutez le vin de cuisine et continuez de faire sauter jusqu'à ce qu'il soit sec. Ajoutez le gingembre haché, la pâte aux fèves et aux piments de Pixian, sautez-les jusqu'à faire ressortir des arômes. Ajoutez le sel, le bouillon de poulet granulé, le poivre en poudre et la sauce de soja pour assaisonner, puis jetez les germes de soja hachés, sautez-les pour qu'ils soient juste cuits, retirez et parsemez-les avec la ciboule hachée, le poivre en poudre, laissez-les refroidir et mélangez bien pour réaliser la farce.

3. Pétrissez la pâte en forme de bande, taillez-la en morceaux de 20g, puis étalez chaque morceau en petite galette ronde (le milieu doit être plus épais que les bords), fourrez-les de farce puis les formez.

4. Mettez les moreaux de pâte dans le compartiment huilé, laissez lever suffisamment et ensuite mettez à la vapeur pendant 10min, transférez-les dans l'assiette ronde.

IV. L'astuce du chef

1. Ne sautez pas les germes de soja longtemps, hors du feu dès qu'ils sont cuits.

2. Après avoir formé les morceaux de pâte, laissez-les lever complètement.

荷叶夹

荷叶夹是一道发酵面食，既可单独食用，也可与口味较浓厚的菜肴搭配食用，如回锅肉、鸡米芽菜等，还可以菜点结合的方式上席。成品造型美观、色泽洁白、松泡绵软。

此面点可与回锅肉、粉蒸肉等菜品搭配食用。

制作方法

1. 面粉中加酵母、泡打粉、白糖、奶粉、猪油和温水调制成光滑的面团，盖上湿毛巾醒发5分钟。
2. 将醒发好的面团搓成长条，切成重约20克的剂子，再擀成厚约0.5厘米的圆片，将其1/2刷上橄榄油，对折，用木梳十字交叉压痕，推折成荷叶形生坯。
3. 将生坯放入刷上油的蒸屉内，醒发充分后入蒸柜蒸约7分钟取出装盘即成。

大厨支招

1. 面团应充分揉制均匀至表面光滑、细腻。
2. 生坯成形后应充分醒发，否则易出现死面的现象。
3. 把握好蒸制时机和时间。

食材与工具

分 类	原料名称	用量（克）
主 料	面 粉	150
调辅料	酵 母	2
	泡打粉	1
	白 糖	10
	猪 油	10
	奶 粉	10
	温 水	80
	橄榄油	50
工 具	擀面棍、油刷、木梳、蒸柜、方盘	

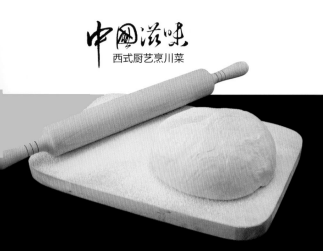

Steamed Lotus Leaf Shaped Buns is a leavened pastry food. It not only can be eaten individually as a bread, but also can go with some strong flavor dishes, such as Twice-Cooked Pork, Stir-Fried Chopped Chicken with Yacai. This pastry has a beautiful look, pure white color, soft and puffy texture.

This pastry food goes well with dishes like Twice-Cooked Pork, Steamed Veal with Rice Crumbs.

Steamed Lotus Leaf Shaped Buns

I. Ingredients

Main ingredient: 150g flour

Auxiliary ingredients and seasonings: 2g yeast, 1g baking powder, 10g sugar, 10g lard, 10g milk powder, 80g warm water, 50g olive oil

II. Cooking utensils and equipment

1 rolling pin, 1 basting brush, 1 wooden comb, 1 steamer, 1 rectangle plate

III. Preparation

1. Mix flour with yeast, baking powder, sugar, milk powder, lard and warm water to make smooth dough. Cover the dough with a wet towel to leaven for 5 minutes.

2. Knead and roll the dough into a log cylinder, cut into 20g sections. And then press and roll to shape each section into a 0.5cm-thick round wrapper. Brush half of each wrapper with olive oil. Fold the wrapper and then press five lines of shallow holes pattern with the wooden comb, and then use the back of comb to push the dough edge along each patter line towards the center to shape like a lotus leaf.

3. Grease the steamer inside, place the buns in the steamer, and wait till they thoroughly leaven. And steam for 7 minutes then serve on the rectangle plate.

IV. Tips from the chef

1. Mix the dough with the ingredients well and knead till smooth.

2. Allow enough time for dough to leaven.

3. Control steaming time.

Brioche à la vapeur en forme de feuille de lotus

Brioche à la vapeur en forme de feuille de lotus est un plat à base de farine levée. Il peut être mangé seul comme un casse-croûte, et peut aussi se présenter à la table avec des plats riches en saveur, comme Porc cuit deux fois, Poulet haché frit au Yacai. En plus de sa belle apparence, il tient une couleur blanche et un goût souple.

Ce casse-croûte peut être servi avec des plats comme Porc cuit deux fois, Porc à la vapeur avec chapelure de riz, etc.

I. Ingrédients

Ingrédient principal: 150g de farine

Assaisonnements: 2g de levure, 1g de levure chimique, 10g de sucre, 10g de gras de porc, 10g de lait en poudre, 80g d'eau tiède, 50g d'huile d'olive

II. Ustensiles et matériels de cuisine

1 rouleau à pâtisserie, 1 pinceau plat, 1 peigne en bois, 1 combi-four à vapeur, 1 assiette carrée

III. Préparation

1. Incorporez la levure, la levure chimique, le sucre, le lait en poudre, le gras de porc et l'eau tiède dans la farine pour confectionner une pâte lisse, couvrez-la d'une serviette et laissez lever pendant 5min.

2. Pétrissez la pâte levée en forme de bande, taillez-la en morceaux pesant 20g de chacun, étalez chaque morceau en petite tranche ronde avec 0.5cm d'épaisseur, badigeonnez d'huile d'olive sur 1/2 de la surface, pliez les morceaux en deux, appuyez-les avec 2 doigts de la main gauche pour fixer, et les poussant avec le beigne en bois par la main droite, des bords vers les milieux pour former les feuilles de lotus.

3. Mettez les morceaux de pâte au compartiment du four, laissez-les bien lever puis mettez à la vapeur pendant 7min, transférez-les dans l'assiettte.

IV. L'astuce du chef

1. La pâte de farine doit être bien pétrie pour obtenir une texture souple et fine.

2. Les morceaux de pâte crue doivent être bien levés pour qu'ils ne soient pas durs.

3. Contrôlez bien le temps et la température de cuisson à la vapeur.

红油水饺

红油水饺是成都传统名小吃之一，创始人为钟少白，后来的厨师叫钟燮森，因其选料精，调味重用红油，开业之初的店址在成都荔枝巷，故称『荔枝巷红油水饺』，囚店主姓『钟』，人们又称其为『钟水饺』。钟水饺堪称成都甚至四川水饺的杰出代表。

此面点可与酥肉汤、丸子汤等汤羹搭配食用。

制作方法

1. 将面粉加入清水调制成光滑的软面团，盖上湿毛巾静置5分钟。

2. 猪绞肉放入盆内加入食盐、鸡精、胡椒粉、鸡蛋搅匀，再加姜葱水搅匀，然后分次加入鸡汤充分搅拌到各种原料完全融合且呈粘稠状，最后加入芝麻油拌匀成馅心。

3. 先将面团搓成圆条，再切成重约6克的剂子，然后用擀面杖擀成直径为5～6厘米的圆形皮坯。

4. 取皮坯1张，装入馅心对叠成半月形，用力捏合边口成水饺生坯。

5. 少司锅内加水烧沸，放入水饺生坯煮至饺皮起皱、发亮后用漏勺捞出盛入汤碗内。

6. 依次淋上复制酱油、鸡精、红油辣椒、蒜碎、熟芝麻即成。

大厨支招

1. 调制面团时要控制好加水量，面团软硬要适当。

2. 面皮擀制时用力要均匀，饺皮大小应均匀、中间略厚、边沿略薄。

3. 调制馅心时鸡汤不能加得过急，应分次加入，避免馅心吐水。

食材与工具

分 类	原料名称	用量（克）
主 料	面 粉	150
	猪绞肉	150
调辅料	鸡 蛋	30
	料 酒	5
	食 盐	4
	鸡 精	2
	胡椒粉	1
	姜葱水	20
	芝麻油	5
	鸡 汤	80
	复制酱油	50
	红油辣椒	50
	蒜 碎	30
	清 水	70
	熟芝麻	10
工 具	擀面杖、不锈钢盆、漏勺、少司锅、汤碗	

Dumplings in Chili Sauce is a famous traditional snack in Chengdu. The original inventor is Zhong Shaobai. Later, this snack was improved by a chef named Zhong Xiesen. He chose to use high quality ingredients and chili sauce. His first restaurant was located in Litchi Alley. Hence its name was "Litchi Alley's Dumplings in Chili Sauce". Soon people called it "Zhong's Dumplings" for short. This snack is the outstanding signature of Chengdu dumplings even in Sichuan.

This dumpling goes well with soup dishes like Golden Fried Meatball Soup and Meat Ball Soup.

Dumplings in Chili Sauce

I. Ingredients

Main ingredients: 150g all-purpose flour, 150g minced pork

Auxiliary ingredients and seasonings: 30g eggs, 5g cooking wine, 4g salt, 2g granulated chicken bouillon, 1g white pepper powder, 20g ginger-and-scallion-flavored water, 5g sesame oil, 80g chicken stock, 50g sweet and aromatic soy sauce, 50g chili oil, 30g garlic (finely chopped), 70g water, 10g roasted sesame seeds

II. Cooking utensils and equipment

1 rolling pin, 1 stainless steel basin, 1 slotted spoon, 1 sauce pan, 1 soup bowl

III. Preparation

1. Mix flour and water to make dough. Cover the dough with a towel and let rest for 5 minutes.

2. Blend minced pork with salt, granulated chicken bouillon, white pepper powder and egg in the stainless steel basin, and then add ginger-and-scallion-flavored water to blend well. Pour in chicken stock little by little and mix well till the stuff becomes sticky.

Add sesame oil to make sticky stuffing.

3. Knead and roll the dough into a log cylinder, cut into 6g small portions and then flatten them with the rolling pin into thin round wrappers about 5-6cm in diameter.

4. Put some stuffing onto a round wrapper, and then fold the wrapper in half to wrap the stuffing up (shaped like half-moon). Press hard to seal the edges.

5. Boil water in the sauce pan, slide in the dumplings and boil till they float and their wrappers become winkled and transparent. Ladle out and transfer to the soup bowl.

6. Pour over the dumplings in order with sweet and aromatic soy sauce, granulated chicken bouillon, chili oil, garlic and sesame seeds.

IV. Tips from the chef

1. Control the water amount when making dough. Do not be too hard or too soft.

2. Roll the wrapper with proper strength. It is better to make thicker middle, thinner edges wrappers.

3. Add chicken stock for several times to avoid watery stuffing.

Raviolis à la sauce pimentée

Raviolis à la sauce pimentée est une collation célèbre et traditionnelle de Chengdu. Le fondateur s'appelle Zhong Shaobai. Plus tard, cette collation fut améliorée par un chef qui s'appelle Zhong Xieshen, qui choisit d'utiliser des ingrédients de haute qualité et l'huile de piment rouge pour renforcer la saveur. Comme son premier restaurant fut situé dans l'allée Litchi, sa recette fut nommée Raviolis à la sauce pimentée de l'allée Litchi, pour faire court, ce plat est nommé au nom du patron, d'où vient le nom du plat « Raviolis Zhong ». Elle est considérée comme un représentant extraordinaire parmi les variétés des raviolis à Chengdu, même dans le Sichuan.

Ce plat à base de farine peut être servi avec des plats de soupe comme Soupe aux beignets de porc, et Soupe aux boulettes de viande, etc.

I. Ingrédients

Ingrédients principaux: 150g de farine, 150g de porc haché

Assaisonnements: 30g d'œufs, 5g de vin de cuisine, 4g de sel, 2g de bouillon de poulet granulé, 1g de poivre en poudre, 20 de jus infusé de gingembre et de ciboule, 5g d'huile de sésame, 80g de fond blanc de volaille, 50g de sauce de soja aromatique et douce, 50g d'huile de piment rouge, 30g de gousses d'ail hachées, 70g d'eau, 10g de graines de sésame grillées

II. Ustensiles et matériels de cuisine

1 rouleau à pâtisserie, 1 calotte, 1 écumoire, 1 russe moyenne, 1 bol de soupe

III. Préparation

1. Délayez la farine avec l'eau pour confectionner une pâte souple, couvrez d'une serviette humide et lassez reposer pendant 5min.

2. Dans la calotte, incorporez le porc haché avec le sel, le bouillon de poulet granulé, le poivre en poudre et les œufs, mixez-les uniment, puis ajoutez le jus infusé de gingembre et de ciboule en remuant bien. Versez le fond blanc de volaille au fur et à mesure, mélangez-les bien avec ces ingrédients pour qu'ils soient complément fusionnés et deviennent veloutés, mélangez-les bien finalement avec l'huile de sésame pour réaliser l'hachis.

3. Pétrissez la pâte en forme de bâtonnet long, taillez-la en morceaux pesant 6g de chacun, étalez chaque morceau en petite feuille ronde de 5-6cm de diamètre.

4. Prenez une feuille ronde à raviolis et farcissez-la avec l'hachis, trempez vos doigts dans un bol d'eau pour replier les bords du ravioli en collant les deux partis. Répétez la même opération pour chaque ravioli.

5. Faites bouillir l'eau dans la russe moyenne, plongez y les raviolis jusqu'à les feuilles soient ridées et transparentes, déposez-les dans le bol de soupe à l'aide de l'écumoire.

6. Ajoutez les assaisonnements par ordre suivant: la sauce de soja aromatique et douce, le bouillon de poulet granulé, l'huile de piment rouge, les gousses d'ail hachées et parsemez de graines de sésame grillées pour finir.

IV. L'astuce du chef

1. Contrôlez bien le volume de l'eau lorsque vous confectionnez la pâte de farine, ce qui ne doit être ni trop dure ni trop molle.

2. Lorsque vous étalez chaque pâte pour la confection des feuilles à raviolis, chaque feuille aurait un peu près la même taille, en plus, la feuille doit être un peu épaisse au milieu et plus fine aux bords.

3. Quant à la confection de l'hachis, ajoutez le fond blanc de volaille petit à petit pour que le bouillon ne déborde pas.

鸡汁煎饺

鸡汁煎饺又名鸡汁锅贴，为重庆『丘二馆』于二十世纪四十年代创制的著名小吃，因其馅料使用大量的鸡汤，烹饪方式使用『煎』的方法而得名。成品底部金黄、酥香，饺面绵软，馅心细嫩、鲜香，风味突出。

此面点可与四川菜羹、酸汤肥牛等汤羹搭配食用。

食材与工具

分 类	原料名称	用量（克）
主 料	面 粉	150
	猪绞肉	200
调辅料	姜葱水	30
	鸡 精	1
	食 盐	5
	酱 油	6
	胡椒粉	1
	料 酒	3
	白 糖	2
	芝麻油	3
	橄榄油	30
	沸 水	80
	浓鸡汁	100
工 具	切刀、不锈钢盆、小擀面杖、带盖平底煎锅、圆盘	

制作方法

1. 猪绞肉放入盆内，加食盐、料酒、鸡精、胡椒粉、酱油和白糖搅拌均匀，然后加入葱姜水，顺着一个方向用力搅打至粘稠，之后分次加入浓鸡汁搅打至肉松散成粘稠糊状，最后加入芝麻油拌匀成馅心。
2. 面粉中加沸水调制成光滑的面团，然后搓成长条，用刀切成重约8克的面剂，再用擀面杖擀成圆皮待用。
3. 取圆皮放入馅心，捏成月牙形饺坯。
4. 平底煎锅中加入少许橄榄油烧热，将饺坯放入平锅内稍煎一会儿，淋上少许水盖上锅盖，煎至水分发出轻微爆裂声，揭开锅盖，再洒少量水盖上锅盖，继续煎至水干使饺底金黄取出装盘即成。

大厨支招

1. 调制面团时注意控制好水温和水量。
2. 制馅时注意浓鸡汁要分次加入，控制好用量。
3. 煎制时控制好火候，火不宜过旺，以免饺底焦煳。

Chicken Flavor Fried Dumplings is a famous snack which was invented by "Qiu' er Guan" restaurant in the 1940s. They adopted the frying way to cook the dumplings to have golden brown bottoms. It is aromatic and tastes crispy. Meanwhile, stuffings mixed with chicken soup enhance the savory taste.

This pastry goes well with dishes like Sichuan Caigeng (Sichuan Vegetable Soup), Sichuan Sour Flavored Beef Soup.

Chicken Flavor Fried Dumplings

I. Ingredients

Main ingredients: 150g all-purpose flour, 200g minced pork

Auxiliary ingredients and seasonings: 30g ginger-and-scallion-flavored water, 1g granulated chicken bouillon, 5g salt, 6g soy sauce, 1g white pepper powder, 3g cooking wine, 2g sugar, 3g sesame oil, 30g olive oil, 80g boiling water, 100g dense chicken stock

II. Cooking utensils and equipment

1 kitchen knife, 1 stainless steel basin, 1 small rolling pin, 1 frying pan with a lid, 1 round plate

III. Preparation

1. Mix minced pork well with salt, cooking wine, granulated chicken bouillon, white pepper powder, soy sauce and sugar in the stainless steel basin. Add ginger-and-scallion-flavored water and then stir it hard in one direction till it becomes thick. Then add dense chicken stock little by little and beat till the minced pork is loose and sticky. Mix with sesame oil to make stuffing.

2. Add boiling water in flour to make smooth dough, knead and roll the dough into a log cylinder, cut into 8g portions. And then press and roll to shape each section into a round wrapper.

3. Put some stuffing onto a wrapper, and then fold the wrapper to wrap the stuffing up (shaped like a half-moon). Press hard to seal the edges.

4. Heat a little olive oil in the frying pan till it is hot, fry the dumplings for a while, then pour a little water over them then cover the pan. Wait till the water has some crackling sound, remove the lid and pour a little water over the dumplings again, then cover the pan. Continue to fry till there is no water and the bottoms of dumplings are golden brown.

IV. Tips from the chef

1. Notice the water temperature and amount when making the dough.

2. Add dense chicken stock little by little when making stuffing.

3. Do not use a high heat to fry the dumplings to avoid overcooking.

Raviolis au jus de poulet poêlés

Raviolis au jus de poulet poêlés était une collation célèbre créé par un restaurant qui s'appelle « Qiu'er Guan » en 1940, cette recette est renommée pour son utilisation de bouillon concentré de poulet dans la farce et sa manière de cuisine. Le dessous du ravioli est bien doré, si croustillant et exquis, quant à son dessus est si tendre. Grâce à la farce succulente, elle apporte un goût exceptionnel.

Ce plat à base de farine peut être servi avec des plats de soupe comme Soupe épaisse aux légumes à la sichuannaise, Soupe de bœuf aux pickles à la sichuannaise, etc.

I. Ingrédients

Ingrédients principaux: 150g de farine, 200g de porc haché

Assaisonnements: 30g de jus infusé de gingembre et de ciboule, 1g de bouillon de poulet granulé, 5g de sel, 6g de sauce de soja, 1g de poivre en poudre, 3g de vin de cuisine, 2g de sucre, 3g d'huile de sésame, 30g d'huile d'olive, 80g d'eau bouillante, 100g de bouillon concentré de poulet

II. Ustensiles et matériels de cuisine

1 couteau de cuisine, 1 calotte, 1 rouleau à pâtisserie, 1 sauteuse avec couvercle, 1 assiette ronde

III. Préparation

1. Dans la calotte, mélangez bien le porc haché avec le sel, le vin de cuisine, le bouillon de poulet granulé, le poivre en poudre, la sauce de soja et le sucre, puis ajoutez le jus infusé de gingembre et de ciboule, remuez les ingrédients toujours vers un seul sens, ajoutez le bouillon concentré de poulet par plusieurs fois pour obtenir une consistance épaisse, puis incorporez l'huile de sésame pour réaliser la farce.

2. Ajoutez de l'eau bouillante dans la farine, pétrissez la pâte en forme de bâtonnet long, taillez-la en morceaux pesant 8g de chacun, étalez chaque morceau en petite feuille ronde.

3. Prenez une feuille ronde à raviolis et farcissez-la, trempez vos doigts dans un bol d'eau pour replier les bords du ravioli en collant les deux partis. Répétez la même opération pour chaque ravioli.

4. Ajoutez un peu d'huile d'olive dans la sauteuse préchauffée, faites dorer les raviolis pour un certain temps, arrosez un peu d'eau puis couvrez, laissez cuire jusqu'à ce que l'eau soit crépite, retirez le couvercle et arrosez encore un peu d'eau, recouvrez et continuez de griller, les raviolis sont cuits lorsque le dessous est bien doré et l'eau est bien évaporée, transférez les raviolis dans l'assiette.

IV. L'astuce du chef

1. Contrôlez bien la température et le volume de l'eau lorsque vous confectionnez la pâte de farine.

2. Contrôlez bien le rythme et le volume lorsque vous confectionnez la farce avec le bouillon concentré de poulet, il vaut mieux de l'ajoutez petit à petit par plusieurs fois.

3. Contrôlez bien la température lorsque vous faites griller les raviolis, sans brulure.

赖汤圆

赖汤圆是四川成都最负盛名的传统名小吃，创始于1894年，迄今已有百年历史，因其创制人姓赖而得名。首创者赖源鑫制作的汤圆煮时不烂皮、不露馅、不浑汤，吃时不粘筷、不粘牙、不腻口，滋润香甜，爽滑软糯，风味独特。此小吃可与鸡汁煎饺、牛肉焦饼等面点搭配食用。

制作方法

1. 糯米粉放入盆内，加温水调制成米粉面团；枸杞加适量清水浸泡待用。
2. 取米粉面团一小块，分别装上黑芝麻馅和玫瑰馅，收紧封口，捏成圆球形汤圆生坯，放于湿纱布上。
3. 少司锅内加入清水烧沸，放入汤圆生坯煮至汤圆皮发亮、有韧性即熟，捞起装入汤碗内，最后点缀上枸杞即成。

大厨支招

1. 调制米粉面团时要控制好水量。
2. 汤圆包好后不宜久搓，否则易开裂。

食材与工具

分 类	原料名称	用量（克）
主 料	糯米粉	200
调辅料	黑芝麻馅	80
	蜜玫瑰馅	80
	温 水	180
	枸杞	2
工 具	不锈钢盆、少司锅、纱布、汤碗	

Lai's Tangyuan is the most famous snack in Chengdu. Founded in 1894, it has a history of more than 100 years. It was invented by a person named Lai Yuanxin. His tangyuan was much tastier than others. Then local people preferred to call "Lai's Tangyuan" as his signature. It is soft, sweet, glutinous, but not sticky at all.

This snack goes well with dishes like Chicken Flavor Fried Dumplings, Chinese Griddle Cake with Beef Stuffing.

*L**ai's Tangyuan (Sweet Rice Dumplings)*

I. Ingredients

Main ingredient: 200g glutinous rice flour

Auxiliary ingredients and seasonings: 80g black sesame seed filling, 80g honey rose filling, 180g warm water, 2g dried goji berries

II. Cooking utensils and equipment

1 stainless steel basin, 1 sauce pan, cheesecloth, 1 soup bowl

III. Preparation

1. Mix glutinous rice flour and warm water in the stainless steel basin to make glutinous rice flour dough. Soak dried goji berries in water.

2. Divide the dough into several portions to serve as wrappers. Enclose the black sesame seed and the honey rose fillings separately in wrappers, knead and roll lightly into a ball to make tangyuan, place them on the wet cheesecloth.

3. Heat water in the sauce pan and bring to a boil, roll in the tangyuan. Boil till cooked through when the wrapper is bright and tenacious. Remove, and transfer to the soup bowl, sprinkle some goji berries over it.

IV. Tips from the chef

1. Control the amount of water when making dough.

2. Do not roll the tangyuan too long time to avoid falling apart.

Tangyuan Lai

Tangyuan Lai est une des collations traditionnelles les plus prestigieuses de Chengdu. Fondée en 1894, cela a une histoire de plus de 100 ans jusqu'à présent, nommée par son créateur Lai Yuanxin. La confection de Tangyuan Lai est très connue puisque les boulettes ne vont pas être transformées après être bouillies, qui tiennent un goût unique, aromatique et savoureux, gluant mais pas collant, sucré mais pas gras.

Cette collation peut être servie avec des collations chinoises à base de farine comme Raviolis au jus de poulet poêlés, Galette frite farcie de bœuf, etc.

I. Ingrédients

Ingrédient principal: 200g de poudre de riz gluant

Assaisonnements: 80g de fourrage de graines de sésame noir, 80g de fourrage de rose confit, 180g d'eau tiède, 2g de lyciums

II. Ustensile et matériels de cuisine

1 calotte, 1 russe moyenne, 1 mousseline, 1 bol de soupe

III. Préparation

1. Délayez la poudre de riz gluant avec l'eau tiède pour faire la pâte de farine de riz gluant; Trempez les lyciums dans l'eau propre pour l'utilisation suivante.

2. Prenez un petit morceau de la pâte de farine de riz, mettez séparément le fourrage de graines de sésame noir et le fourrage de rose confit au milieu de la pâte, et formez deux petites boulettes, façonnez de même opération pour chaque boulette de riz, et les posez sur la mousseline humide.

3. Versez de l'eau dans la russe moyenne et porter à ébullition, plongez les boulettes de riz gluant crues, laissez-les cuire jusqu'à ce qu'elles commencent à flotter à la surface de l'eau et qu'elles soient transparentes. Transférez les boulettes avec de l'eau dans le bol de soupe et saupoudrez quelques lyciums avant de servir.

IV. L'astuce du chef

1. Lorsque vous préparez la pâte de farine de riz gluant, contrôlez bien le volume de l'eau ajoutée.

2. Une fois que les boulettes de riz gluant soient formées, arrêtez de les rouler pour qu'elles ne s'ouvrent pas facilement.

淋味春卷

淋味春卷在四川属于大众化食品，大街小巷随处可见，尤其在夏天，因其凉爽甜酸、香辣开胃而深得人心。

此小吃可与八宝酿梨、拔丝苹果等甜品搭配食用。

制作方法

1. 熟猪瘦肉切成细丝；胡萝卜、黄瓜分别切成细丝；韭黄切成寸段与绿豆芽、胡萝卜、黄瓜一起入少司锅焯水后晾凉。将以上原料放入盆内，加食盐、鸡精、芝麻油拌匀为馅心。

2. 调味汁：将复制酱油、醋、红油辣椒拌匀成味汁。

3. 取一张越南春卷皮放入80℃的热水中泡软，取出包入馅心卷成圆筒，用刀切成菱形段装入圆盘中，将味汁淋于表面即可。

大厨支招

1. 越南春卷皮要用热水浸泡，控制好浸泡的温度。

2. 包馅时要将筒卷紧，否则易散开。

3. 调味汁时要控制好各调料的比例。

食材与工具

分　类	原料名称	用量（克）
主　料	越南春卷皮	20
	熟猪瘦肉	100
	绿豆芽	50
	韭　黄	50
	胡萝卜	50
	黄　瓜	50
调辅料	食　盐	10
	红油辣椒	50
	复制酱油	40
	鸡　精	2
	醋	30
	芝麻油	10
工　具	切刀、不锈钢盆、少司锅、圆盘	

Fresh Spring Roll with Chili Sauce is a common snack. It is popular in summer because it has cool, spicy, sweet and sour taste.

This snack goes well with desserts like Pear stuffed with Preserved Fruits, Hot Caddied Apple.

Fresh Spring Roll with Chili Sauce

I. Ingredients

Main ingredients: 20 Vietnam spring roll wrappers, 100g boiled lean pork, 50g mung bean sprouts, 50g yellow chives, 50g carrots, 50g cucumbers

Auxiliary ingredients and seasonings: 10g salt, 50g chili oil, 40g sweet and aromatic soy sauce, 2g granulated chicken bouillon, 30g vinegar, 10g sesame oil

II. Cooking utensils and equipment

1 kitchen knife, 1 stainless steel basin, 1 sauce pan, 1 round plate

III. Preparation

1. Julienne boiled lean pork, carrots and cucumbers separately. Cut yellow chives into sections, and blanch together with mung bean sprouts, carrots and cucumbers in the sauce pan. Wait they are cool, mix with salt, granulated chicken bouillon and sesame oil in the stainless steel basin to make stuffing.

2. Sauce: mix well sweet and aromatic soy sauce, vinegar and chili oil to make sauce.

3. Soak a Vietnam spring roll wrapper into 80℃ hot water to soften, remove, put the stuffing on it and roll up. Cut it diagonally and transfer to the round plate, drizzle with the sauce.

IV. Tips from the chef

1. Use hot water of proper temperature to soak the Vietnam spring roll wrapper.

2. Roll up the wrapper tightly for it falls apart easily.

3. Control the proportion of seasonings when making the sauce.

Rouleau de printemps à la sauce épicée

Rouleau de printemps à la sauce épicée est un casse-croûte commun dans le Sichuan. Cette collation est populaire en été en raison de son goût frais, épicé et aigre-doux qui permet d'avoir un bon appétit.

Cette collation peut aller avec des desserts chinois comme Poire à la vapeur avec fourrage de riz gluant et de condits, Pommes frites au sucre caramélisé.

I. Ingrédients

Ingrédients principaux: 20g papiers de riz Vietnamien, 100g de porc maigre cuit, 50g de germes d'ambérique, 50g de bulbes de ciboule, 50g de concombres, 50g de carottes

Assaisonnements: 10g de sel, 50g d'huile de piment rouge, 40g de sauce de soja aromatique et douce, 2g de bouillon de poulet granulé, 30g de vinaigre, 10g d'huile de sésame

II. Ustensiles et matériels de cuisine

1 couteau de cuisine, 1 calotte, 1 russe moyenne, 1 assiette ronde

III. Préparation

1. Taillez le porc maigre cuit en juliennes; Taillez les concombres et les carottes en juliennes fines; Découpez les bulbes de ciboule en sections et faites les blanchir avec les germes d'ambérique, les concombres et les carottes, puis les retirez, égouttez et laissez-les refroidir. Mettez ces ingrédients dans la calotte, mélangez-les avec le sel, le bouillon de poulet granulé et l'huile de sésame pour réaliser la farce.

2. Sauce: mixez bien la sauce de soja aromatique et douce, le vinaigre et l'huile de piment rouge.

3. Prenez un papier de riz et mettez dans l'eau chaude de 80℃ pour le ramollir, sortez-la et égouttez l'excès d'eau, y placez la farce et roulez-la délicatement pour obtenir le rouleau, coupez le rouleau en diagonale, répétez la même opération pour les restes papiers du riz, déposez-les dans l'assiette puis arrosez la sauce.

IV. L'astuce du chef

1. Les papiers de riz Vietnamien doivent être trempés dans l'eau chaude en contrôlant bien la température.

2. Lorsque vous roulez le papier de riz Vietnamien, faites assez serrer pour qu'il ne s'ouvre pas.

3. Rectifiez bien la proportion des ingrédients en confectionnant la sauce.

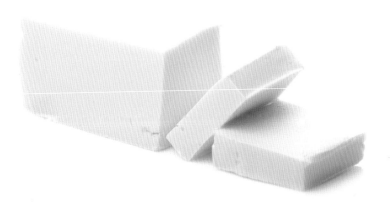

龙眼酥

龙眼酥是北宋著名文学家苏东坡故居——四川眉山的一种传统名小吃。龙眼酥具有造型逼真、螺纹酥皮清晰、油润酥香、细腻爽口等特点。此处将传统原料中的猪油换成西式黄油，成品奶香浓郁，风味别具。

此面点可与怪味鸡、酱爆羊肉等菜品一起搭配食用。

制作方法

1. 将面粉180克、黄油30克加清水调制成光滑的油水面团；再将面粉100克、黄油80克擦搓均匀，调制成油酥面团待用。
2. 将油酥面包裹在油水面中，收紧封口后按成圆饼状，用擀面杖擀成厚约0.5厘米的长方形面皮，再对叠擀薄，由外向内卷成圆筒状，再用刀切成面剂，将剂子竖立按扁擀成圆皮。
3. 取面皮包入樱桃馅心，收紧封口呈半圆球形，顶部用食指按一凹形成生坯。
4. 将生坯放入烤盘，置底火180℃、面火210℃的烤炉中烘烤约10分钟，至酥皮变硬、色泽浅黄时取出装盘，最后点缀上半颗蜜樱桃即成。

大厨支招

1. 油水面团和油酥面团的软硬度应力求一致，否则会影响制品成形。
2. 控制好烘烤的炉温和时间。

食材与工具

分 类	原料名称	用量（克）
主 料	面 粉	300
	樱桃馅心	200
	蜜樱桃	6（颗）
调辅料	黄 油	110
	清 水	90
工 具	切刀、擀面杖、烤盘、烤炉、方盘	

Longyan Pastry is a traditional dessert from Meishan city in Sichuan. It has a beautiful shape like a Chinese dragon eye, and that's the reason why people call it "longyan" in Chinese. It is crispy and delicious. This recipe uses butter substituted for lard, which gives this snack western–style flavor.

This pastry goes well with dishes like Multi–flavored Chicken, Quick–fried Lamb with Fermented Flour Paste.

Longyan Pastry

I. Ingredients

Main ingredients: 300g all-purpose flour, 200g cherry filling

Auxiliary ingredients and seasonings: 6 sweet cherries, 110g butter, 90g water

II. Cooking utensils and equipment

1 kitchen knife, 1 rolling pin, 1 baking pan, 1 oven, 1 rectangle plate

III. Preparation

1. Mix 180g flour, 30g butter and water into smooth butter-and-water dough. Then mix 100g flour and 80g butter to knead into butter pastry dough.

2. Roll the butter-and-water dough out, wrap the butter pastry dough in the middle, seal and knead into round shape dough. Roll the dough into 0.5cm-thick rectangle piece. Fold and roll again into thin piece. Roll up the dough from one side into cylinder shape and then cut it into small portions. Stand each portion up then flatten it, finally roll into a round wrapper.

3. Wrap the cherry filling and seal the edges into semi-sphere shape, press on the top to create an indentation with a finger.

4. Place them on the baking pan, bake in 180℃ bottom temperature and 210℃ upper temperature oven for 10 minutes. Wait till the wrapper becomes hard and light yellow, then move to the rectangle plate. Decorate the top with half a sweet cherry.

IV. Tips from the chef

1. Make the two kinds doughs have the same hardness and softness. Otherwise, it will affect the quality.

2. Control the baking temperature and time.

Petit feuilleté Longyan

Petit feuilleté Longyan est une collation traditionnelle de la ville de Meishan (ville du Sichuan), où un célèbre poète, Su Dongpo, eut sa résidence dans la dynastie des Song du Nord. Le feuilleté Longyan tient une belle forme feuilletée comme un œil de dragon, qui est caractérisé de son goût délicieux, fin et croustillant. Dans cette recette, nous utilisons du beurre pour substituer le saindoux, qui donnera un goût subtil de lait et spécial.

Cette collation à base de farine peut être servie avec des plats chinois comme Poulet avec multi-saveurs à la sichuannaise et Mouton sauté-rapide à la pâte de farine fermentée, etc.

I. Ingrédients

Ingrédients principaux: 300g de farine, 200g de fourrage de cerises

Assaisonnements: 6 cerises confites, 110g de beurre, 80g d'eau

II. Ustensiles et matériels de cuisine

1 couteau de cuisine, 1rouleau à pâtisserie, 1 plateau de four, 1 four, 1 assiette carrée

III. Préparation

1. Mélangez 180g de farine, 30g de beurre et l'eau propre pour confectionner une pâte brisée lisse; Faites une autre pâte avec 100g de farine et 80g de beurre, bien mélangez-les pour obtenir une pâte feuilletée.

2. Etalez la pâte brisée en forme de tranche ronde, mettez-y la pâte feuilletée au milieu, serrez les bords et aplatissez en forme de galette, ensuite roulez la pâte en rectangle de 0.5cm d'épaisseur, pliez-la en deux et roulez à nouveau pour obtenir une tranche fine. Enroulez la tranche et taillez-la en petits segments, et aplatissez-les en petites tranches rondes.

3. Prenez une tranche et y envelopper de fourrage de cerises au milieu, formez de boulette en serrant les bords, appuyez le top de la boulette avec un doigt pour former une concavité afin réaliser son apparence, répétez la même opération pour les autres tranches rondes.

4. Placez les boulettes formées sur le plateau de four et enfournez-les à 180℃ pendant 10min, lorsque les feuillages deviennent durs et dorés légers, arrêtez la cuisson, transferez-les dans l'assiette, garnissez d'une demi cerise confite sur le top de chaque feuilleté.

IV. L'astuce du chef

1. La rigidité et la souplesse de la pâte brisée ainsi que la pâte feuilletée soient homogènes pour ne pas influencer la qualité de la pâte formée.

2. Contrôlez bien la température et le temps de cuisson au four.

萝卜丝酥饼

萝卜丝酥饼是以酥皮作点心皮坯，配上萝卜丝馅心，再加入四川特色的调料——花椒粉制作而成。成品酥脆麻香，风味独具。

此面点可与丸子汤、开水白菜等汤羹搭配食用。

制作方法

1. 将面粉180克、黄油30克加清水调制成光滑的油水面团；再将面粉100克、黄油80克擦搓均匀调制成油酥面团待用。

2. 萝卜去皮切细丝，加入食盐腌制5分钟后挤干水分；平底煎锅内加橄榄油烧热，放入猪绞肉炒散籽，再加料酒、姜碎、胡椒粉、酱油炒香起锅，晾凉后加入萝卜丝、花椒粉、鸡精、葱碎拌和均匀成馅心。

3. 将油酥面团用油水面包裹好后按扁，用擀面杖擀成厚约0.5厘米的面坯，再对叠擀薄，去掉面头，由外向内卷成圆筒状，搓紧后切成长约4厘米的面剂，再将其横压擀薄为面皮。

4. 取圆皮放入馅心，捏紧封口按成圆饼，饼面用油刷刷少许蛋液，沾上一层白芝麻成饼坯。

5. 将饼坯排放入烤盘内，置炉温为200℃的烤炉内烘烤约12分钟取出装盘即成。

食材与工具

分　类	原料名称	用量（克）
主　料	面　粉	300
	红皮白萝卜	200
	猪绞肉	100
调辅料	黄　油	110
	清　水	90
	料　酒	5
	鸡　精	1
	胡椒粉	0.2
	酱　油	5
	食　盐	3
	花椒粉	1
	芝麻油	5
	姜　碎	5
	葱　碎	15
	鸡蛋液	50
	白芝麻	40
	橄榄油	30
工　具	切刀、擀面杖、平底煎锅、烤盘、烤炉、油刷、圆盘	

大厨支招

1. 萝卜丝应粗细均匀，不可过长过细。

2. 烤制时控制好炉温和时间。

It is a crispy pastry cake stuffed with radish slivers, which have been flavored by Sichuan featured seasoning—Sichuan pepper powder. It tastes crispy, numbing and delicious.

This pastry goes with soups like Meat Ball Soup, Napa Cabbage in Consomm é .

Pastry Cake Stuffed with Radish Slivers

I. Ingredients

Main ingredients: 300g all-purpose flour, 200g red-skin radishes, 100g minced pork

Auxiliary ingredients and seasonings: 110g butter, 90g water, 5g cooking wine, 1g granulated chiken bouillon, 0.2g white pepper powder, 5g soy sauce, 3g salt, 1g Sichuan pepper powder, 5g sesame oil, 5g ginger (finely chopped), 15g scallion (finely chopped), 50g beaten egg, 40g white sesame seeds, 30g olive oil

II. Cooking utensils and equipment

1 kitchen knife, 1 rolling pin, 1 frying pan, 1 baking pan, 1 oven, 1 basting brush, 1 round plate

III. Preparation

1. Mix 180g flour, 30g butter and water and knead into smooth butter-and-water dough. Mix 100g flour and 80g butter and knead into butter pastry dough.

2. Peel and cut radishes into slivers, mix with salt to marinate for 5 minutes, and then squeeze the water away. Heat olive oil till hot in the frying pan, add minced pork to stir-fry to separate, and then add cooking wine, ginger, white pepper and soy sauce to stir-fry

till aromatic, remove. When the mixture cools down, add radish slivers, Sichuan pepper, granulated chiken bouillon and scallion to blend well to make stuffing.

3. Roll the butter-and-water dough out, wrap the butter pastry dough in the middle, seal it and knead into round shape dough. Flatten with the rolling pin into 0.5cm-thick dough. Fold and knead again to flatten the dough into a flat piece, and then roll up the dough into the shape of cylinder. Cut it into 4cm-long portions. Erect the cylinder doughs on the chopping board, then flatten each portion and make into thin wrapper with the rolling pin.

4. Put some stuffing on a wrapper, enclose the stuffing and press to make a round pastry cake. Brush some beaten egg on the surface, coat the pastry cake with white sesame seeds.

5. Place the pastry cakes in the baking pan, and bake in 200℃ oven for 12 minutes then serve on the round plate.

IV. Tips from the chef

1. Julienne radishes into equal size, neither too long nor too thin.

2. Control the baking temperature and time.

Petite galette feuilletée aux juliennes de radis

La confection de la petite galette feuilletée aux juliennes de radis est basée sur le feuilletage, fourrée avec les juliennes de radis, surtout assaisonnée par le condiment sichuannais-poivre du Sichuan. La galette est croustillante, poivrée et savoureuse.

Ce plat à base de farine peut aller avec la soupe chinoise comme Soupe aux boulettes de viande et Chou de Chine au consommé, etc.

I. Ingrédients

Ingrédients principaux: 300g de farine, 200g de radis, 100g de porc haché

Assaisonnements: 110g de beurre, 80g d'eau, 5g de vin de cuisine, 1 g de bouillon de poulet granulé, 0.2g de poivre en poudre, 5g de sauce de soja, 3g de sel, 1g de poivre du Sichuan en poudre, 5g d'huile de sésame, 5g de gingembre haché, 15g de ciboule hachée, 50g d'œuf battu, 40g de graines de sésame blanc, 30g d'huile d'olive

II. Ustensiles et matériels de cuisine

1 couteau de cuisine, 1 rouleau à pâtisserie, 1 sauteuse, 1 plateau de four, 1 four, 1 pinceau plat, 1 assiette ronde

III. Préparation

1. Mixez 180g de farine, 30g de beurre et de l'eau pour faire une pâte brisée lisse; Faite une pâte feuilletée en mélangeant uniment 100g de farine et 80g de beurre.

2. Pelez et détaillez les radis en juliennes, salez, laissez macérer pendant 5min et égouttez l'eau; Faites chauffer l'huile d'olive dans la sauteuse, jetez le porc haché et faites sauter jusqu'à ce qu'il se détache. Continuez de sauter en ajoutant le vin de cuisine, le gingembre haché, le poivre en poudre et la sauce de soja jusqu'à faire ressortir des arômes reposer à refroidir, mêlez bien les radis en juliennes, le poivre en poudre, le bouillon de poulet granulé et

la ciboule hachée pour réaliser la farce.

3. Etalez la pâte brisée en forme de tranche ronde, mettez la pâte feuilletée au milieu, serrez les bords et aplatissez en forme de galette, ensuite roulez la pâte en rectangle de 0.5cm d'épaisseur, pliez-la en deux et roulez à nouveau pour obtenir une tranche fine. Enroulez la tranche et taillez-la en 4cm de segments, et aplatissez-les en petites tranches rondes.

4. Prenez une tranche et mettez la farce au milieu puis serrez les bords pour former en galette ronde, nappez-la un peu d'œuf battu puis passez dans les graines de sésame blanc. Façonnez de même opération pour chaque galette.

5. Placez les galettes au plateau de four, enfournez à 200℃ pendant 12min, transférez-les dans l'assiette.

IV. L'astuce du chef

1. Il est préférable de découpez les radis en juliennes de même taille.

2. Contrôlez bien la température et le temps de cuisson au four.

牛肉干炒面

牛肉干炒面是一道中西合璧的创新面食，它将西式的意面，配上青椒、红椒和洋葱等辅料，以中式的方法进行烹制，并加入四川的特色调味料——花椒粉，成品色泽漂亮，风味独特。

此面食可与开水白菜、四川菜羹等汤菜搭配食用。

食材与工具

制作方法

1. 将洋葱与去籽后的青椒、红椒分别切成约2.5厘米的小片；牛肉洗净后切成薄片，加入食盐、料酒、胡椒粉、水淀粉充分拌匀待用。
2. 少司锅内加清水烧沸，放入意面煮熟后，用漏勺捞入冷水中漂凉待用。
3. 平底煎锅内加橄榄油烧至90℃，放入牛肉炒散，加姜片、葱节炒香，再加入青椒、红椒、洋葱片炒匀，最后放入意面、食盐、酱油、鸡精、白糖、花椒粉和芝麻油炒匀起锅装盘即成。

大厨支招

1. 控制好意面、牛肉、青椒、红椒和洋葱等食材的用量。
2. 牛肉码芡时要搅拌至上劲，以增加肉的嫩度。

分 类	原料名称	用量（克）
主料	意 面	500
	牛里脊肉	100
调辅料	青 椒	50
	红 椒	50
	洋 葱	50
	食 盐	12
	料 酒	5
	胡椒粉	0.5
	水淀粉	20
	姜 片	10
	葱 节	15
	酱 油	30
	鸡 精	2
	白 糖	3
	花椒粉	1
	芝麻油	5
	橄榄油	100
工 具	切刀、漏勺、平底煎锅、少司锅、圆盘	

Fried Noodles with Beef are an innovative pastry food combining both western and Chinese styles. It uses western ingredients like spaghetti, green peppers, red peppers and onion, but, it is cooked in a Chinese way with Sichuan seasoning—Sichuan pepper powder. This noodle has a pleasant color and a unique taste.

This pastry food goes well with soup dishes like Napa Cabbage in Consommé, Sichuan Vegetable Soup.

Fried Noodles with Beef

I. Ingredients

Main ingredient: 500g spaghetti, 100g beef tenderloin

Auxiliary ingredients and seasonings: 50g green bell peppers, 50g red bell peppers, 50g onion, 12g salt, 5g cooking wine, 0.5g white pepper powder, 20g cornstarch water mixture, 10g ginger (sliced), 15g scallion (cut into sections), 30g soy sauce, 2g granulated chicken bouillon, 3g sugar, 1g Sichuan pepper powder, 5g sesame oil, 100g olive oil

II. Cooking utensils and equipment

1 kitchen knife, 1 pasta scoop, 1 frying pan, 1 sauce pot, 1 round plate

III. Preparation

1. Deseed green bell peppers and red bell peppers, cut onion and those peppers into 2.5cm slices. Rinse and slice beef, and mix well with salt, cooking wine, white pepper powder and cornstarch water mixture.

2. Heat water in the sauce pot and bring to a boil, add spaghetti and continue to boil till cooked through. Scoop out and put in cold water to cool down.

3. Heat olive oil to 90℃ in the frying pan, and then add beef to stir-fry to separate. Add ginger slices and scallion sections to stir-fry till aromatic. Add green bell pepper, red bell pepper, onion to stir-fry well, and then add spaghetti, salt, soy sauce, granulated chiken bouillon, sugar, Sichuan pepper powder and sesame oil to stir-fry well, then remove and serve on the round plate.

IV. Tips from the chef

1. Control the amount of ingredients like spaghetti, beef, green pepper, red pepper and onion.

2. Stir with strength when mixing the starch with beef to enhance the tender taste of beef.

Nouilles sautées avec bœuf émincé

Nouilles sautées avec bœuf émincé est un plat à base de farine innovateur fusionnant les styles occidental et chinois. C'est-à-dire qu'il utilise des ingrédients occidentaux comme spaghettis, poivrons verts et rouges et oignons avec la manière de cuisine chinoise, surtout une adoption de l'assaisonnement spécial sichuannais-poivre du Sichuan en poudre. Grâce à tout ça, ce plat tient une belle couleur et un goût unique.

Ce plat peut aller avec de la soupe chinoise comme Chou de Chine au consommé et Soupe épaisse aux légumes à la sichuannaise, etc.

I. Ingrédients

Ingrédients principaux: 500g de spaghettis, 100g de filet de bœuf

Assaisonnements: 50g de poivron vert, 50g de poivron rouge, 50g d'oignons, 12g de sel, 5g de vin de cuisine, 0.5g de poivre en poudre, 20g d'eau d'amidon, 10g de gingembre émincé, 15g de ciboule en tronçons, 30g de sauce de soja, 2g de bouillon de poulet granulé, 3g de sucre, 1g de poivre du Sichuan en poudre, 5g d'huile de sésame, 100g d'huile d'olive

II. Ustensiles et matériels de cuisine

1 couteau de cuisine, 1 écumoire, 1 sauteuse, 1 russe moyenne, 1 assiette ronde

III. Préparation

1. Epépinez les poivrons vert et rouge, détaillez-les ainsi que les oignons en petites tranches de 2.5cm; Lavez le filet de bœuf et découpez-le en tranches fines, mélangez-les bien avec le sel, le vin de cuisine, le poivre en poudre et l'eau d'amidon.

2. Faite bouillir de l'eau dans la russe moyenne, plongez les spaghettis, dès qu'ils sont bien cuits, rincez-les dans l'eau froide, égouttez-les.

3. Faites chauffer l'huile d'olive dans la russe moyenne à 90℃, jetez les tranches du filet de bœuf, le gingembre émincé, la ciboule en tronçons, sautez-les jusqu'à faire ressortir des arômes, jetez les tranches de poivron vert, poivron rouge et d'oignons, sautez-les bien, ajoutez ensuite les spaghettis, le sel, la sauce de soja, le bouillon de poulet granulé, le sucre, le poivre du Sichuan en poudre et l'huile de sésame, mélangez-les bien et les transférez dans l'assiette.

IV. L'astuce du chef

1. Contrôlez bien la quantité de l'utilisation des ingrédients comme les spaghettis, le bœuf, les poivrons vert et rouge, et les oignons.

2. Il est nécessaire de remuer avec force lors du mélange du bœuf du bœuf avec l'amidon, cela permettra d'améliorer sa tendreté.

牛肉焦饼

牛肉焦饼是地道的四川小吃，也叫牛肉焦包。牛肉焦饼以牛肉为馅心，采用煎炸的方法制作而成。成品皮色金黄，入口酥脆香鲜，细嫩微麻，故以酥香脆而得名。各地的制作方法大同小异，只是在制皮的工艺上略有差异。

此面点可与红烧肉、鱼香茄饼等菜品搭配食用。

制作方法

1. 面粉加入沸水调制成全熟面团，冷却后加入黄油揉搓均匀成面团。

2. 牛腿肉洗净去筋绞成细颗粒；生姜与花椒（2∶1）剁成姜麻末；牛肉中加入食盐、醪糟汁、鸡精和姜麻末搅打均匀，再分次加入橄榄油搅打至肉馅松散，最后加葱碎拌匀成馅心。

3. 将面团揉搓光滑，再切成重约30克的面剂，包入馅料后捏紧封口，再按压成圆饼状生坯。

4. 将饼坯入平底锅煎成两面金黄，再放入炉温180℃的烤炉内烘烤6分钟取出装盘即成。

食材与工具

分 类	原料名称	用量（克）
主 料	面 粉	200
	黄牛腿肉	200
调辅料	黄 油	50
	食 盐	10
	鸡 精	1
	生 姜	3
	花 椒	1
	醪糟汁	6
	葱 碎	50
	橄榄油	250
	沸 水	250
工 具	切刀、平底煎锅、擀面杖、烤炉、圆盘	

大厨支招

1. 调制面团时要控制好沸水的用量。

2. 包馅时要将封口捏紧，以免开裂露馅。

3. 煎制时应控制好火候，烘烤时把握好炉温。

Chinese Griddle Cake with Beef Stuffing is a traditional snack in Sichuan. It is fried with beef filling. The cake has golden brown color, flaky and crunchy crust, tender stuffing, aromatic and a hint of numbing taste.

This cake goes well with dishes like Red-Braised Pork Belly, Eggplant Fritters with Fish-Flavor Sauce.

Chinese Griddle Cake with Beef Stuffing

I. Ingredients

Main ingredients: 200g flour, 200g beef round

Auxiliary ingredients and seasonings: 50g butter, 10g salt, 1g granulated chicken bouillon, 3g ginger, 1g Sichuan peppercorns, 6g fermented glutinous rice wine, 50g scallion (finely chopped), 250g olive oil, 250g boiling water

II. Cooking utensils and equipment

1 kitchen knife, 1 frying pan, 1 rolling pin, 1 oven, 1 round plate

III. Preparation

1. Mix flour and boiling water to make dough, wait till it cools then blend with butter.

2. Rinse beef round and remove the string, then mince. Chop ginger and Sichuan peppercorns in the proportion of 2∶1. Mix beef well with salt, fermented glutinous rice wine, granulated chicken bouillon and ginger-pepper mixture. Add olive oil little by little and stir to separate the minced beef. Blend with scallion to make stuffing.

3. Knead the dough into a roll. Divide the roll into 30g portions. Wrap the stuffing and enclose the edges, flatten into round cakes.

4. Fry the cakes in the frying pan till both sides are golden brown, bake in 180℃ oven for 6 minutes then serve on the round plate.

IV. Tips from the chef

1. Control the amount of boiling water when making dough.

2. Pinch hard when enclosing the stuffing to make sure it won't fall apart.

3. Control the heat when frying and the temperature when baking.

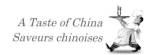

Galette frite farcie de bœuf

Galette frite farcie de bœuf est une collation traditionnelle dans le Sichuan, confectionné par friture. La galette se présente par sa croûte dorée, tout en apportant un goût croustillant, un peu poivré et aromatique. Les procèdes de confection sont presque pareilles dans les différentes régions sauf que la préparation de la croûte.

Ce plat peut aller avec des plats chinois comme Poitrine de porc braisée à la sauce rouge, Petite galette d'aubergine frite à la sauce parfumée du poisson, etc.

I. Ingrédients

Ingrédients principaux: 200g de farine, 200g de ronde de bœuf

Assaisonnements: 50g de beurre, 10g de sel, 1g de bouillon de poulet granulé, 3g de gingembre, 1g de poivre du Sichuan, 6g de jus de riz gluant fermenté, 50g de ciboule hachée, 250g d'huile d'olive, 250g d'eau bouillante

II. Ustensile et matériels de cuisine

1 couteau de cuisine, 1 pinceau plat, 1 sauteuse, 1 rouleau à pâtisserie, 1 four, 1 assiette ronde

III. Préparation

1. Remuez la farine avec l'eau bouillante pour faire une pâte cuite, pétrissez en ajoutant le beurre après le refroidissement de la pâte.

2. Lavez la ronde de bœuf, ôtez la filandre et découpez en petits cubes; Hachez le mélange de gingembre et de poivre du Sichuan par proportion de 2：1; Ajoutez le sel, le jus de riz gluant fermenté, le bouillon de poulet granulé et l'hachis de gingembre-poivre, remuez-les bien, ensuite, ajoutez l'huile d'olive par plusieurs fois sans arrêt de remuer jusqu'à ce que la farce de viande se détende, incorporez avec la ciboule hachée pour réaliser la farce.

3. Pétrissez la pâte jusqu'à ce qu'elle soit lisse, divisez-la en portions de 30g de chacune, enveloppez de farce puis serrez les bords, aplatissez-les en galettes rondes.

4. Placez les galettes rondes dans la sauteuse et faites les dorer sur les deux faces, enfournez-les à 180℃ pendant 6min, puis transférez-les dans l'assiette.

IV. L'astuce du chef

1. Contrôlez bien le volume de l'utilisation de l'eau quand vous confectionnez la pâte.

2. Faites bien serrer les bords des galettes pour éviter qu'ils s'ouvrent.

3. Contrôlez bien le feu quand vous faites dorer, ainsi que la température de cuisson au four.

清汤抄手

清汤抄手是成都名小吃『龙抄手』的一个品种，因其皮薄爽滑，鲜嫩多汁，汤色清亮，香味醇厚而闻名。相传于二十世纪四十年代初龙抄手开业前夕，几位股东在成都太平街『浓花茶社』内商谈合伙经营和给店命名的事，借『浓』字之谐言，定名为『龙抄手』以祈吉祥。由于其能博采众家之长，精心作馅制汤，开业不久即扬名蓉城，迄今不衰。

此面食可与萝卜丝酥饼、牛肉焦饼等面点搭配食用。

制作方法

1. 猪绞肉放入盆内，加食盐10克、胡椒粉0.2克、鸡精1克、鸡蛋液20克、料酒2克搅拌均匀，再加入姜葱水用力搅打至肉粘稠起胶，再分次加入鸡汤搅打至肉松散，最后加芝麻油拌匀成馅料。

2. 取抄手皮1张，放入馅料，对叠成三角形，再将左右两角向中折叠粘合(粘合处抹少许馅糊)成菱角形抄手生坯。

3. 将食盐10克，胡椒粉0.8克，鸡精4克、葱碎均匀分于10个汤碗内，并加入适量清汤。

4. 少司锅内加清水烧沸，下抄手生坯，煮至皮发亮、起皱后用漏勺捞出，沥干水分放入汤碗中即成。

大厨支招

1. 猪绞肉肥度比例应为"肥三瘦七"，以保证成品入口细嫩而不油腻。

2. 包馅时不能过多或过少，皮和馅料要搭配适当。

食材与工具

分 类	原料名称	用量（克）
主 料	抄手皮	20
	猪绞肉	100
调辅料	料 酒	2
	食 盐	20
	胡椒粉	1
	鸡 精	5
	鸡 蛋	20
	姜葱水	15
	鸡 汤	100
	芝麻油	5
	清 汤	1000
	葱 碎	15
工 具	不锈钢盆、漏勺、少司锅、汤碗	

Wonton Soup is one kind of "Long" Wonton, which is a famous snack in Chengdu. It has thin and smooth wrappers, juicy and tender stuffing, and aromatic taste. It is said that, the shareholders gathered in a tea house named Nong Hua to discuss something about the new restaurant which they would open soon. Nong has similar sound as "long" in Sichuan dialect. Long refers to a Chinese auspicious animal. Then, they decided to name the new restaurant "Long Wonton", which bore their best wishes. This restaurant has been running from then till now due to its exquisite skill and delicious wontons.

This snack goes well with pastry food like Chinese Griddle Cake with Beef Stuffing, Pastry Cake Stuffed with Radish Slivers.

*W**onton Soup**

I. Ingredients

Main ingredients: 20 wonton wrappers, 100g ground pork

Auxiliary ingredients and seasonings: 2g cooking wine, 20g salt, 1g white pepper powder, 5g granulated chicken bouillon, 20g eggs, 15g ginger-and-scallion-flavored water, 100g chicken stock, 5g sesame oil, 1000g consommé, 15g scallion (finely chopped)

II. Cooking utensils and equipment

1 stainless steel basin, 1 slotted spoon, 1 sauce pan, 10 soup bowls

III. Preparation

1. Mix ground pork well with 10g salt, 0.2g white pepper powder, 1g granulated chicken bouillon, 20g egg and 2g cooking wine in the stainless steel basin. Then add ginger-and-scallion-flavored water and whisk till the mixture becomes sticky paste. Then add chicken stock little by little for several times, meanwhile, whisk to separate the ground pork. Blend with sesame oil to finish stuffing.

2. Put some stuffing onto a wrapper, fold and squeeze to seal the wrapper to make triangular wonton. Then fold and stick the two corners together to finish the design (brush a little stuffing paste for sticking).

3. Evenly distribute 10g salt, 0.8g white pepper powder, 4g granulated chiken bouillon and scallion to 10 soup bowls, add some consommé to each bowl.

4. Heat water in the sauce pan, bring to a boil and dump the wontons in. Continue to boil till the wontons float and their wrappers become wrinkled and transparent. Ladle out with slotted spoon, drain and transfer to bowls.

IV. Tips from the chef

1. Select brisk, plate, flank and chunk part of pork to ensure the tender but not greasy taste.

2. Put an appropriate amount of stuffing on the wrappers.

Soupe de Wonton

Soupe de Wonton est un produit d'un restaurant de collations très célèbre à Chengdu, qui s'appelle « Long Chaoshou ». Cette collation est renommée par son enveloppe fine et lisse, sa farce succulente et tendre, et sa saveur riche. Ils prirent « Long », en tant que l'homophonie de « Nong » de la maison de thé, ce mot chinois tient un sens propice, par conséquent, ils décidèrent de nommer le nouveau restaurant « Wonton Long », qui portait ses meilleurs vœux. Ce restaurant est tenu avec succès jusqu'à présent en raison de sa recette de secret.

Ce plat à base de farine peut être servi avec des plats comme Petite galette feuilletée aux juliennes de radis, Galette frite farcie de bœuf, etc.

I. Ingrédients

Ingrédients principaux: 20 pâtes carrées de wonton, 100g de porc haché

Assaisonnements: 2g de vin de cuisine, 20g de sel, 1g de poivre en poudre, 5g de bouillon de poulet granulé, 20g d'œuf, 15g de jus infusé de gingembre et de ciboule, 100g de bouillon de poulet, 5g d'huile de sésame, 1000g de consommé, 15g de ciboule hachée

II. Ustensile et matériels de cuisine

1 calotte, 1 écumoire, 1 russe moyenne, 1 bol de soupe

III. Préparation

1. Incorporez le porc haché avec 10g de sel, 0.2g de poivre en poudre, 1g de bouillon de poulet granulé, 20g d'œuf et 2g de vin de cuisine, mélangez-les bien, ajoutez le jus infusé de gingembre et de ciboule et faites remuer avec force pour obtenir une consistance onctueuse et collante, ajoutez le bouillon de poulet et continuer de faire remuer jusqu'à ce que le porc haché se détache, ajoutez l'huile de sésame et mélangez-les bien pour réaliser la farce.

2. Déposez 1 c. à café de farce au milieu d'une pâte carrée de wonton. Mouillez les bords avec un peu de farce, puis rabattez de façon à former un triangle tout en chassant l'air, pressez les bords pour les faire adhérer, façonnez de même opération pour chaque wonton.

3. Préparez 10 bols, ajoutez et divisez uniment

10g de sel, 0.8g de poivre en poudre, 4g de bouillon de poulet granulé et de ciboule hachée dans ces 10 bols, puis y versez certain consommé.

4. Faites bouillir de l'eau dans la russe moyenne, plongez les wontons et laisser cuire jusqu'à ce que les pâtes carrées soient transparentes et ridées, et que les wontons remontent à la surface. Retirez-les à l'aide de l'écumoire pour égoutter l'excès d'eau, divisez-les dans chaque bol pour firnir.

IV. L'astuce du chef

1. C'est nécessaire de choisir le flanchet, le tendron, le collier, la poitrine ou la palette de porc, pour garantir un goût fin mais pas gras.

2. Lorsque vous enveloppez la farce, faites attention de l'utilisation de sa quantité, ne mettez pas beaucoup ni trop petit.

四川红烧牛肉面

四川红烧牛肉面是四川的特色面食之一，面臊制作时需加入四川的特色调味料——郫县豆瓣酱一起烧制，成品色泽红亮，面条滑爽劲道，咸鲜微辣，风味特点浓郁。红烧牛肉面可与葱香花卷、串烧羊肉等小吃搭配食用。

食材与工具

分 类	原料名称	用量（克）
主 料	意　面	500
	牛肋条肉	250
调辅料	郫县豆瓣	50
	食　盐	5
	料　酒	10
	姜　块	20
	葱　节	15
	花　椒	3
	葱　碎	20
	酱　油	40
	红油辣椒	60
	鸡　精	5
	牛肉汤	1500
	八　角	3
	草　果	3
	三　奈	3
	香　叶	3
	芹菜碎	30
	橄榄油	200
工　具	切刀、漏勺、少司锅、汤碗	

制作方法

1. 牛肉切成约2.5厘米见方的小块，放入沸水锅中焯水后去掉血污。将八角、草果、三奈、香叶制成香料包。

2. 少司锅内加橄榄油烧至90℃，放入郫县豆瓣炒香上色，掺入鲜汤烧沸后放入牛肉、姜块、葱节、花椒、料酒、酱油、食盐和香料包，用小火烧至牛肉酥软成面臊。

3. 将鸡精、红油辣椒、葱碎分装于汤碗内。

4. 少司锅内加清水烧沸，放入意面煮熟后捞出分装于汤碗内，浇上面臊，撒上芹菜碎即成。

大厨支招

1. 牛肉要先焯水去掉血污、腥膻味后再烧制。

2. 烧制宜用小火慢烧至牛肉软烂醇香。

中國滋味
西式厨艺烹川菜

This noodle dish is one of the featured noodle dishes in Sichuan. The topping needs to add a special Sichuan seasoning—Pixian chili bean paste. This dish has red and lustrous color, smooth and springy noodles, aromatic and savory beef, salty and slightly hot taste. Spaghetti may use as a substitute for Chinese noodle in this recipe.

This noodle goes well with snacks like Scallion Flavor Steamed Huajuan (Flower Roll), Mutton Skewer.

Sichuan Noodles with Red-Braised Beef

I. Ingredients

Main ingredients: 500g spaghetti, 250g rib steak

Auxiliary ingredients and seasonings: 50g Pixian chili bean paste, 5g salt, 10g cooking wine, 20g ginger pieces, 15g scallion (cut into sections), 3g Sichuan peppercorns, 20g scallion (finely chopped), 40g soy sauce, 60g chili oil, 5g granulated chicken bouillon, 1500g beef stock, 3g star aniseeds, 3g amomum tsaoko, 3g sand ginger, 3g bay leaves, 30g celery (finely chopped), 200g olive oil

II. Cooking utensils and equipment

1 kitchen knife, 1 pasta scoop, 1 sauce pot, soup bowls

III. Preparation

1. Cut beef into 2.5cm^3 cubes, blanch in boiling water and ladle out. Put star aniseeds, amomum tsaoko, sand ginger and bay leaves into a spice bag.

2. Heat olive oil to 90℃ in the sauce pot, and add Pixian chili bean paste to stir-fry till aromatic. Pour in stock and bring to a boil, slide in beef, ginger pieces, scallion sections, Sichuan peppercorns, cooking wine, soy sauce, salt and the spice bag, and simmer till the beef becomes soft. Then it serves as the topping.

3. Separate granulated chicken bouillon, chili oil and chopped scallion in different soup bowls.

4. Heat water in the sauce pot and bring to a boil, add spaghetti and boil till cooked through. Scoop out and transfer to different soup bowls, top with the braised beef and sprinkle with celery.

IV. Tips from the chef

1. Blanch beef to remove the blood and the smell.

2. Use a low heat to braise the beef till it is soft and aromatic.

Nouilles au bœuf braisé à la sichuannaise

Ce plat est l'un des plats à base de farine spéciaux de Sichuan. Il est nécessaire d'ajouter l'assaisonnement spécial du Sichuan-pâte aux fèves et aux piments de Pixian, pour confectionner la sauce. Il se présente par sa couleur rouge brillante, les nouilles tiennent un goût lisse et al dent, quant à la soupe apporte un goût salé, légèrement pimenté, c'est un plat très riche en saveur.

Ce plat peut aller avec des collations chinoises comme Rouleau de ciboule hachée à la vapeur, Brochettes de mouton, etc.

I. Ingrédients

Ingrédients principaux: 500g de spaghettis, 250g d'entrecôtes de bœuf

Assaisonnements: 50g de pâte aux fèves et aux piments de Pixian, 5g de sel, 10g de vin de cuisine, 20g de morceaux de gingembre, 15g de tronçons de ciboule, 3g de poivre du Sichuan, 20g de ciboule hachée, 40g de sauce de soja, 60g d'huile de piment rouge, 5g de bouillon de poulet granulé,1500g de fond blanc de veau, 3g d'anis étoilé, 3g de fructus tsaoko, 3g de rhizome kaempferiae, 3g de myrcia, 30g de céleri haché, 200g d'huile d'olive

II. Ustensiles et matériels de cuisine

1 couteau de cuisine, 1 écumoire, 1 russe moyenne, 1 bol de soupe

III. Préparation

1. Découpez les entrecôtes de bœuf en petits cubes de 2.5cm, faites-les blanchir pour éliminer le sang; Faites le baquet d'épicerie avec l'anis étoilé, le fructus tsaoko, le rhizome kaempferiae et le myrcia.

2. Faites chauffer l'huile d'olive à 90℃ dans la russe moyenne, jetez la pâte aux fèves et aux piments de Pixian pour qu'elle soit parfumée et colorée, versez le fond blanc de veau et portez à ébullition, puis plongez les cubes d'entrecôte de bœuf et ajoutez les morceaux de gingembre, les tronçons de ciboule, le poivre du Sichuan, le vin de cuisine, la sauce de soja, le sel et le baquet d'épicerie, laissez-les cuire à feu doux jusqu'à ce que la viande devienne tendre afin de réaliser la sauce de bœuf braisé.

3. Ajoutez le bouillon de poulet granulé, l'huile de piment rouge, la ciboule hachée dans le bol de soupe.

4. Faites bouillir de l'eau dans la russe moyenne et faites cuire les spaghettis, lorsqu'ils sont cuits, retirez et égouttez-les, puis transférez dans le bol, arrosez la sauce de bœuf braisé et parsemez de céleri haché.

IV. L'astuce du chef

1. Il est nécessaire de blanchir le bœuf pour éliminer le sang et l'odeur désagréable.

2. Lorsque vous faites braiser le bœuf, il vaut mieux de mettre à feu doux et laisser cuire jusqu'à ce que la viande soit tendre et savoureuse.

四川凉面

四川凉面历史悠久，是一道广受欢迎的四川传统风味名小吃，因其调料多样、风味独特，在四川全省有很大影响，近年已流传于全国各地。成品爽滑筋道、咸辣鲜香、甜酸味浓，为夏季食用佳品。

此面食可与开水白菜、丸子汤等汤菜搭配食用。

制作方法

1. 少司锅内加水烧沸，放入意面煮至断生后用漏勺捞出，沥干水分置于不锈钢盆内，加入橄榄油抖散面条，晾冷待用。

2. 豆芽洗净入沸水中焯熟，捞出冷却后装于窝盘垫底，表面盖上晾凉后的意面。

3. 调味汁：将食盐、鸡精、复制酱油、芝麻酱、花椒油和食醋拌匀成味汁。

4. 将味汁淋于意面表面，再加入红油辣椒、蒜碎、葱碎即成。

大厨支招

1. 煮面水要宽，面条不宜久煮，刚断生即可。

2. 调味汁时要控制好各调味料的比例。

食材与工具

分 类	原料名称	用量（克）
主 料	意 面	500
	绿豆芽	150
调辅料	食 盐	5
	复制酱油	100
	鸡 精	3
	红油辣椒	100
	芝麻酱	50
	花椒油	5
	蒜 碎	50
	葱 碎	40
	芝麻油	5
	醋	60
	橄榄油	50
工 具	漏勺、不锈钢盆、少司锅、窝盘	

Sichuan Cold Noodles is a widely popular traditional appetizer in Sichuan region with a long history. There are many kinds of seasonings to be used in the sauce, which creates a unique flavor. Nowadays, this appetizer is available in all parts of China. It is best eaten in summer due to the smooth and springy noodles, and a mixture of salty, pungent, sweet and sour taste.

This pastry food goes well with soup dishes like Napa Cabbage in Consommé, Meat Ball Soup.

Sichuan Cold Noodles

I. Ingredients

Main ingredients: 500g spaghetti, 150g mung bean sprouts

Auxiliary ingredients and seasonings: 5g salt, 100g sweet and aromatic soy sauce, 3g granulated chicken bouillon, 100g chili oil, 50g sesame paste, 5g Sichuan pepper oil, 50g garlic (finely chopped), 40g scallion (finely chopped), 5g sesame oil, 60g vinegar, 50g olive oil

II. Cooking utensils and equipment

1 pasta scoop, 1 stainless steel basin, 1 sauce pot, 1 soup plate

III. Preparation

1. Heat water in the sauce pot and bring to a boil, add spaghetti and continue to boil till just cooked. Scoop out and drain, transfer to the stainless steel basin, add olive oil to prevent spaghetti from sticking together, and cool.

2. Rinse and blanch mung bean sprouts, remove, cool and spread them as the bottom layer in the soup plate. Put the spaghetti on the top of bean sprouts.

3. Sauce: Mix salt, granulated chicken bouillon, sweet and aromatic soy sauce, sesame paste, Sichuan pepper oil and vinegar well to make sauce.

4. Drizzle the sauce over the spaghetti, and top it with chili oil, garlic and scallion.

IV. Tips from the chef

1. Cook spaghetti in a bigger pot till just cooked.

2. Control the proportion of each seasoning when making sauce.

Nouilles froides à la sichuannaise

Nouilles froides à la sichuannaise est une collation traditionnelle très populaire dans le Sichuan qui a une longue histoire. Grâce à l'utilisation de nombreux assaisonnements et sa saveur unique, cette collation a été trouvée partout en Chine depuis ces dernières années. Il est préférable de servir ces nouilles lisses et al dentes en été par suite d'un mélange de goût salé, piquant et aigre-doux.

Ce plat peut être servi avec des plats de soupe comme Soupe aux boulettes de viande et Chou de Chine au consommé, etc.

I. Ingrédients

Ingrédients principaux: 500g de spaghettis, 150g de germes d'ambérique

Assaisonnements: 5g de sel, 100g de sauce de soja aromatique et douce, 3g de bouillon de poulet granulé, 100g d'huile de piment rouge, 50g de pâte de sésame, 5g d'huile de poivre du Sichuan, 50g de gousses d'ail hachées, 40g de ciboule hachée, 5g d'huile de sésame, 60g de vinaigre, 50g d'huile d'olive

II. Ustensiles et matériels de cuisine

1 écumoire, 1 calotte, 1 russe moyenne, 1 plat de soupe

III. Préparation

1. Faites bouillir de l'eau dans la russe moyenne et plongez les spaghettis, retirez-les à l'aide de l'écumoire dès qu'ils sont cuits, égouttez puis transférez-les dans la calotte, ajoutez l'huile d'olive en secouant les spaghettis, laissez-les reposer à refroidir.

2. Rincez les germes d'ambérique et les faites blanchir, égouttez-les et laisser refroidir dans le plat de soupe, puis couvrez de spaghettis refroidis.

3. La sauce: mélangez bien le sel, le bouillon de poulet granulé, la sauce de soja aromatique et douce, la pâte de sésame, l'huile de poivre du Sichuan et le vinaigre.

4. Arrosez la sauce sur les spaghettis et fini par un ajout de l'huile de piment rouge, des gousses d'ail hachées et de la ciboule hachée.

IV. L'astuce du chef

1. Les spaghettis doivent être juste cuits et ne les cuisez pas longtemps.

2. Contrôlez bien la proportion de chaque ingrédient lors de l'assaisonnement.

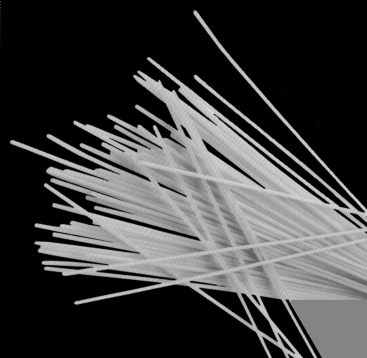

甜水面

甜水面是四川地区很有名气的一道特色名小吃，因为调味时重用复制酱油，以口味回甜而得名。成品中加入花生碎、芝麻酱、蒜泥和四川特色的红油辣椒，入口劲道十足、微甜辣香，诸味融和，各尽其妙。此面食可与坨坨肉、花仁鸭方等菜品搭配食用。

食材与工具

分类	原料名称	用量（克）
主料	中筋面粉	400
调辅料	复制酱油	100
	食盐	5
	红油辣椒	80
	蒜泥	30
	橄榄油	20
	鸡精	3
	芝麻酱	20
	熟花生碎	30
	清水	200
工具	切刀、擀面杖、漏勺、少司锅、汤碗	

制作方法

1. 面粉加食盐、清水调制成光滑的面团，盖上湿毛巾静置30分钟，然后将面团擀成厚约0.4厘米的面皮，再切成宽约0.4厘米的条。

2. 少司锅内加清水烧沸，用两手拿着面条两端，轻轻拉伸面条投入锅中，煮熟后用漏勺捞出沥干水分，加少许橄榄油抖散，以免粘连。

3. 将面条盛于汤碗内，依次淋上复制酱油、芝麻酱、红油辣椒、鸡精、蒜泥和熟花生碎即成。

大厨支招

1. 调制面团时控制好加水量，面团软硬适度。

2. 煮面的时间不能过长，断生即可。

Sweet Thick Noodles in Sichuan Style is widely popular due to its sweet and spicy lingering taste. It contains such seasonings as sweet and aromatic soy sauce, chopped peanuts, sesame paste, garlic and Sichuan featured chili oil. This dish has smooth and chewy noodles, slightly sweet, hot and savory taste.

This noodle goes with dishes like Tuotuo Beef, Duck Dice with Peanuts.

Sweet Thick Noodles in Sichuan Style

I. Ingredients

Main ingredient: 400g all-purpose flour

Auxiliary ingredients and seasonings: 100g sweet and aromatic soy sauce, 5g salt, 80g chili oil, 30g garlic (finely chopped), 20g olive oil, 3g granulated chicken bouillon, 20g sesame paste, 30g roasted peanuts (finely chopped), 200g water

II. Cooking utensils and equipment

1 kitchen knife, 1 rolling pin, 1 pasta scoop, 1 sauce pot, 1 soup bowl

III. Preparation

1. Mix flour, salt and water to make smooth dough, and cover with a wet towel and let rest for 30 minutes. Knead the dough with a rolling pin into 0.4cm thick slices, and then cut into 0.4cm wide strips.

2. Heat water in the sauce pot and bring to a boil. Hold the two ends of the noodles and stretch a little bit, then put them in the water. Boil till cooked through, remove and drain, add olive oil to prevent the noodles from sticking together.

3. Transfer the noodles to the soup bowl, and drizzle with sweet and aromatic soy sauce, sesame paste, chili oil, granulated chicken bouillon, chopped garlic and chopped peanuts in order.

IV. Tips from the chef

1. Control the amount of water when making dough. Do not to be too hard or too soft.

2. Boil the noodles till just cooked.

Nouilles à la sauce épaisse sucrée

Nouilles à la sauce épaisse sucrée est une collation très populaire dans le Sichuan en raison de son arrière-goût sucré. Il utilise les assaisonnements comme la sauce de soja aromatique et douce, les cacahuètes concassées, la pâte de sésame, les gousses d'ail hachées et l'huile de piment rouge spéciale de Sichuan. Cette collation tient un goût légèrement sucré, pimenté et délicieux en plus de nouilles al dentes.

Ce plat de nouilles peut être servi avec des plats chinois comme Pavés de viande à la sichuannaise, Canard fumé-séché frit aux cacahouètes, etc.

I. Ingrédients

Ingrédient principal: 400g de farine ordinaire

Assaisonnements: 100g de sauce de soja aromatique et douce, 5g de sel, 80g d'huile de piment rouge, 30g de gousses d'ail hachées, 20g d'huile d'olive, 3g de bouillon de poulet granulé, 20g de pâte de sésame, 30g de cacahuètes concassées, 240g d'eau propre

II. Ustensiles et matériels de cuisine

1 couteau de cuisine, 1 rouleau à pâtisserie, 1 écumoire, 1 russe moyenne, 1 bol de soupe

III. Préparation

1. Incorporez la farine avec le sel, l'eau pour faire une pâte lisse, couvrez-la d'une serviette humide pendant 30min, puis roulez-la en 0.4cm d'épaisseur et taillez en bâtonnets de 0.4cm long.

2. Faites bouillir de l'eau dans la russe moyenne, tenez les 2 extrémités de pâtes et étirez un peu avant de les plongez dans l'eau, dès que les nouilles sont cuites, retirez-les à l'aide de l'écumoire et égouttez-les, arrosez quelques gouttes d'huile d'olive pour que les nouilles ne se collent pas.

3. Transférez les nouilles dans le bol de soupe, ajoutez la sauce de soja aromatique et douce, la pâte de sésame, l'huile de piment rouge, le bouillon de poulet granulé, les gousses d'ail hachées et les cacahuètes concassées par ordre.

IV. L'astuce du chef

1. Contrôlez bien le volume de l'eau quand vous préparez la pâte, la pâte doit être juste souple, ni trop molle ni trop dure.

2. Il vaut mieux de ne pas faire cuire les nouilles longtemps, elles doivent être juste cuites.

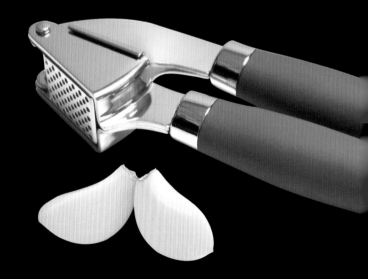

芽菜包子

芽菜包子是一款极具四川地域特色的传统面食，因其馅料中加入了四川宜宾碎米芽菜而得名。成品色泽洁白、松泡软绵、咸鲜麻香，风味十足。

此面点可与酥肉汤、开水白菜等汤菜搭配食用。

制作方法

1. 面粉中加酵母、泡打粉、白糖、猪油、温水调制成光滑的面团，盖上湿毛巾醒发5分钟。
2. 猪肉馅均分成两份；平底煎锅加橄榄油烧至90℃，放入其中1份猪肉炒散籽，加料酒炒干水汽，再放入姜碎、碎米芽菜炒香上色，然后下鸡精、胡椒粉、酱油调味后炒匀起锅，撒上葱碎、花椒粉，冷却后与另一半猪肉馅拌匀成馅料。
3. 将面团搓成长条，再切成重约20克的面剂，然后擀成中间厚边缘薄的圆皮，包入馅料捏成包子生坯。
4. 将包子生坯放入刷油的蒸屉内，充分醒发后放入蒸柜内蒸约10分钟取出装盘即成。

大厨支招

1. 猪肉馅一半入锅炒香，一半直接生拌，使馅心兼具滋润和酥香的口感。
2. 生坯成形后应充分醒发。
3. 控制好蒸制的时间。

食材与工具

分 类	原料名称	用量（克）
主料	面 粉	150
	猪肉馅	150
调辅料	酵 母	2
	泡打粉	1
	白 糖	15
	猪 油	10
	温 水	100
	碎米芽菜	50
	料 酒	5
	胡椒粉	1
	酱 油	5
	鸡 精	1
	姜 碎	1
	葱 碎	10
	花椒粉	1
	橄榄油	50
工 具	擀面杖、油刷、切刀、蒸柜、平底煎锅、圆盘	

Yacai Baozi is steamed buns with Yacai stuffing. It is a Sichuan featured traditional pastry food. Its name comes from the stuffing that it uses—Yibin Yacai. Yibin is a city in Sichuan. Yacai is preserved mustard greens, which comes from this city. With a cute look, Yacai Baozi has delicate and savory, salty taste with Yacai's aroma.

This bun goes well with soup dishes like Golden Fried Meatball Soup, Napa Cabbage in Consommé.

Yacai Baozi (Steamed Stuffed Bun)

I. Ingredients

Main ingredients: 150g wheat flour, 150g minced pork

Auxiliary ingredients and seasonings: 2g yeast, 1g baking powder, 15g sugar, 10g lard, 100g warm water, 50g minced Yacai, 5g cooking wine, 1g white pepper powder, 5g soy sauce, 1g granulated chicken bouillon, 1g ginger (finely chopped), 10g scallion (finely chopped), 1g Sichuan pepper powder, 50g olive oil

II. Cooking utensils and equipment

1 rolling pin, 1 basting brush, 1 kitchen knife, 1 steamer, 1 frying pan, 1 round plate

III. Preparation

1. Mix flour with yeast, baking powder, sugar, lard and warm water to make smooth dough. Cover the dough with a wet towel and let rest for 5 minutes to leaven.

2. Divide minced pork into 2 equal parts. Heat olive oil to 90℃ in the frying pan, put one part of minced pork and stir-fry to separate, add cooking wine and continue to stir-fry till the water disappears. Add ginger and minced yacai to stir-fry till aromatic, and then mix with granulated chicken bouillon, white pepper powder and soy sauce. Remove, sprinkle with scallion and Sichuan pepper powder, cool. Then mix with another part of minced pork well to make stuffing.

3. Knead the dough into a log cylinder, divide into 20g portions. Press down to flat, then roll into round wrappers with thick middle and thin edges. Put some stuffing onto a wrapper and pinch to seal.

4. Grease the steamer's inside, place the buns on it and wait till they thoroughly leaven. And then steam the buns for 10 minutes, serve on the round plate.

IV. Tips from the chef

1. Mix half stir-fried minced pork with raw minced pork to ensure the moist and delicious taste.

2. Allow enough time for the buns to leaven.

3. Control the steaming time.

Brioche à la vapeur farcie au Yacai

Brioche à la vapeur farcie au Yacai est un plat à base de farine traditionnel, qui tient une forte caractéristique régionale du Sichuan, est très connu grâce à son ingrédient de farce-Yacai de Yíbin (ville dans le Sichuan). Avec une apparence blanche et soufflée, ce plat tient un goût salé, poivré, aromatique et délicat.

Ce plat à base de farine peut être servi avec des soupes chinoises comme Soupe aux beignets de porc, et Chou de Chine au consommé, etc.

I. Ingrédients

Ingrédients principaux: 150g de farine, 150g de porc haché

Assaisonnements: 2g de levure, 1g de levure chimique, 15g de sucre, 10g de gras de porc, 100g d'eau tiède, 50g de Yacai haché, 5g de vin de cuisine, 1g de poivre en poudre, 5g de sauce de soja, 1g de bouillon de poulet granulé, 1g de gingembre haché, 10g de ciboule hachée, 1g de poivre du Sichuan en poudre, 50g d'huile d'olive

II. Ustensiles et matériels de cuisine

1 rouleau à pâtisserie, 1 pinceau plat, 1 couteau de cuisine, 1 combi-four à vapeur, 1 sauteuse, 1 assiette ronde

III. Préparation

1. Incorporez la levure, la levure chimique, le sucre, le gras de porc et l'eau tiède dans la farine pour faire une pâte lisse et homogène, couvrez d'une serviette humide et laissez lever pendant 5min.

2. Divisez l'hachis de porc en 2 portions; Faites chauffer l'huile d'olive à 90℃ dans la sauteuse, jetez une portion du porc haché et faite revenir pour qu'il se détache, ajoutez le vin de cuisine et continuer à faire sauter jusqu'à l'eau évapore, puis ajoutez le gingembre haché, le Yacai haché, sauter-les jusqu'à faire ressortir des arômes et la coloration atteinte. Saupoudrez de bouillon de poulet granulé, de poivre en poudre, ajoutez la sauce de soja en les mélangeant bien, sortez-les, parsemez de ciboule hachée et de poivre du Sichuan en poudre, laissez-les refroidir puis ajoutez l'autre portion du porc haché, mêlez-les bien.

3. Pétrissez la pâte de forme de bande, taillez-la en morceaux dont chacun pèse 20g, roulez-les de forme ronde aplatie avec les bords fins et le milieu plus épaisse, enveloppez chaque boulette de farce dans une pâte ronde aplatie et pétrissez-la de forme de pain. Façonnez de même opération pour les autres morceaux de pâte.

4. Mettez les pains dans le compartiment huilé, laissez-les lever suffisamment puis mettez à la vapeur pendant 10min, transférez-les dans l'assiette.

IV. L'astuce du chef

1. La façon de mélanger une moitié de porc haché sauté avec une autre moitié crue assura un goût de l'hachis juteux et croustillant.

2. Avant de mettre les pains crus à la vapeur, il est nécessaire de les laisser lever suffisamment.

3. Contrôlez bien le temps de cuisson à la vapeur.

紫薯土司夹

紫薯土司夹系采用中西结合的方式制作而成。该面点以土司为皮坯，配上紫薯做成的馅心，造型美观，口味独特，营养丰富。

此点心可与剁椒银鳕鱼、家常豆腐等菜品搭配食用。

食材与工具

分　类	原料名称	用量（克）
主　料	紫　薯	200
	土司片	10（片）
调辅料	白　糖	50
	黄　油	50
	橄榄油	30
工　具	切刀、蒸柜、平底煎锅、牙签、方盘	

制作方法

1. 紫薯洗净、去皮，切厚片，放入蒸柜中蒸熟后取出压成泥状，加入白糖、黄油拌匀为紫薯馅。

2. 土司片去掉四周外皮，一分为二，取一片在表面均匀抹上紫薯馅，再将另一片盖上，中间插上牙签为生坯。

3. 平底煎锅加橄榄油烧至90℃，放入生坯煎制至两面呈金黄色起锅装盘即成。

制作方法

1. 调制紫薯馅时控制好白糖和黄油的用量。

2. 夹馅时要将紫薯馅涂抹均匀。

Fried Toast Sandwich with Purple Sweet Potato Stuffing combines both Chinese and western styles. It not only looks beautiful, but also has a delicious and unique taste.

This sandwich goes well with dishes like Steamed Codfish with Chopped Chilies, Home–Style Tofu.

Fried Toast Sandwich with Purple Sweet Potato Stuffing

I. Ingredients

Main ingredients: 200g purple sweet potatoes, 10 slices of toast

Auxiliary ingredients and seasonings: 50g sugar, 50g butter, 30g olive oil

II. Cooking utensils and equipment

1 kitchen knife, 1 steamer, 1 frying pan, toothpicks, 1 rectangle plate

III. Preparation

1. Rinse and peel purple sweet potatoes, cut into thick slices, steam in the steamer till cooked through, remove and mash. Mix mashed sweet potato well with sugar and butter to make stuffing.

2. Peel the skin of the toast, split into 2 pieces. Spread one piece with the stuffing, cover with another piece, and stick a toothpick in the middle.

3. Heat olive oil to 90℃ in the frying pan, fry the toasts till their surfaces are golden brown, and then transfer to the rectangle plate.

IV. Tips from the chef

1. Control the amount of sugar and butter when make stuffing.

2. Spread the stuffing on toast evenly.

Sandwich grillé à la purée de patates douces pourpres

Sandwich grillé à la purée de patates douces pourpres combine les styles chinois et occidental. Il utilise des toasts fourrés avec remplissage de patates douces pourpres, celui tient une belle présentation, un goût unique, c'est un plat très nourrissant.

Cette collation peut accompagner avec des plats chinois comme Cabillaud à la vapeur avec piments rouges hachés, Tofu sauté de style fait maison, etc.

I. Ingrédients

Ingrédients principaux: 200g de patates douces pourpres, 10 tranches de pain

Assaisonnements: 50g de sucre, 50g de beurre, 30g d'huile d'olive

II. Ustensiles et matériels de cuisine

1 couteau de cuisine, 1 combi-four à vapeur, 1 sauteuse, des cure-dents, 1 assiette carrée

III. Préparation

1.Rincez et pelez les patates douces pourpres, découpez-les en tranches épaisses, faites-les cuire à la vapeur et les sortirez dès qu'elles sont cuites, écrasez-les en purée, puis mêlez-les bien avec le sucre, le beurre pour réaliser le fourrage de patates douces pourpres.

2. Enlevez les croûtes des pains, coupez chaque pain par deux en diagonale pour former des triangles. Tartinez un pain en triangle avec le fourrage de patates douces pourpres, recouvrez-le d'une autre tranche, piquez-les avec un cure-dent, formez les autres sandwiches de même opération.

3. Faites chauffez l'huile d'olive dans la sauteuse à 90℃, faites grillez les sandwichs jusqu'à les 2 faces soient dorées, transférez-les dans l'assiette.

IV. L'astuce du chef

1. Contrôlez bien le volume de l'utilisation du sucre et du beurre lorsque vous confectionnez le fourrage de patates douces pourpres.

2. Il faudrait bien que vous tartinez le fourrage de patates douces pourpres uniformément.

附录 四川特色调味料

Annexe Assaisonnements spéciaux du Sichuan
Appendix Sichuan Featured Seasonings

1. 郫县豆瓣酱
Pixian Chili Bean Paste
Pâte aux fèves et aux piments de Pixian

2. 四川榨菜
Sichuan Zhacai-Sichuan Preserved Mustard Tuber
Sichuan Zhacai-Tubercules de moutarde marinés du Sichuan

3. 宜宾芽菜
Yibin Yacai-Preserved Mustard Greens
Yibin Yacai-Tiges de moutarde marinées

4. 四川泡菜
Sichuan Pickles
Pickles du Sichuan

5. 辣 椒
Chili Peppers
Piments rouges

6. 花 椒
Sichuan Pepper
Poivre du Sichuan

7. 豆 豉
Fermented Soy Beans
Graines de soja noir fermentées

8. 甜面酱
Fermented Flour Paste
Pâte de farine fermentée

9. 辣椒油
Chili Oil
Huile de piment rouge

10. 复制酱油
Sweet and Aromatic Soy Sauce
Sauce de soja aromatique et douce

11. 醪 糟
Glutinous Rice Wine
Jus de riz gluant fermenté

12. 豆腐乳
Fermented Tofu
Tofu fermenté

1. 郫县豆瓣酱

郫县豆瓣酱是烹制正宗川菜非常重要的调味品之一，有"川菜之魂"之美誉。它是以辣椒、蚕豆、食盐等为原料，经发酵酿制而成的一种红褐色酱料，在川菜烹饪中起提色、增香、去异味的作用，是烹制回锅肉、豆瓣鱼、麻婆豆腐等川菜代表作不可或缺的重要调味料。

2. 四川榨菜

榨菜俗称"包包菜"、"羊角菜"。是芥菜类蔬菜中的一种茎芥菜。因嫩茎经盐腌、榨出汁液成微干状态后再供食用故名。榨菜质地脆嫩、风味鲜美、营养丰富，具有特殊的酸味和咸鲜味，常用于佐餐、炒菜和做汤。

3. 宜宾芽菜

宜宾芽菜旧称"叙府芽菜"，是用芥菜的嫩尖为原料腌制而成的蔬菜制品。成品质嫩条细、色泽黄亮、甜咸适度、味道清新，常用于制作菜品、馅心，如鸡米芽菜、干煸四季豆等。

4. 四川泡菜

四川泡菜是以新鲜蔬菜为原料，经盐水浸渍及乳酸发酵而成。常见制品有泡生姜、泡萝卜、泡辣椒、泡青菜等。四川泡菜口感咸酸，质地嫩脆，可直接食用，也可作为烹饪中的调味料。在川菜制作时，但凡烹制带有腥味的原料时，大都会用到泡辣椒或泡姜，以此达到去腥增香的作用。常见的菜肴有泡菜鱼、泡椒牛肉等。

5. 辣　椒

辣椒是川菜烹饪中的主要调料，在川味菜肴和小吃中有去腥、增香、增色及增进食欲等多种作用。 著名的麻婆豆腐、麻辣鸡块、麻辣兔肉、宫保鸡丁等都是麻辣味川式菜肴的代表作。

6. 花　椒

花椒具有特殊的强烈香气，味麻而持久，是川菜烹调中使用频率较高的特色调味品，主要用于烹煮肉类，如水煮牛肉、火锅等，也常应用制作椒盐花生、椒盐蚕豆，椒盐茄饼等。麻与辣的巧妙组合与应用是川菜烹饪的鲜明特征，麻婆豆腐即是其中的代表作。

7. 豆　豉

豆豉是以大豆或黄豆为主要原料，经过浸渍、蒸煮，并拌入少量面粉、食盐、酱油及米曲霉菌种发酵而成。我国长江以南地区常用豆豉作调料，也可直接食用。常用于豆豉鱼、回锅肉、豆豉蒸腊肉、川北凉粉、凉拌兔丁等菜品中。

8. 甜面酱

甜面酱又称"甜酱"，是以面粉为主要原料，经制曲和保温发酵制成的一种酱状调味品。其味甜中带咸，兼具酱香和酯香，广泛适用于酱爆菜和酱烧菜的制作，如京酱肉丝、酱爆鸭舌等，还可蘸食大葱、黄瓜、烤鸭等菜品。

9. 辣椒油

辣椒油俗称"红油"，是将辣椒粉放入植物油中煎熬所得的一种制成品。制作中可同时加入花椒、芝麻。辣椒油是川菜调味料中的一绝，在川式凉菜制作中使用非常广泛，有提色、增香等作用，制作中常直接加入，如红油鸡块、凉拌兔丁等，也可用其制作成蘸料。

10. 复制酱油

复制酱油是以酱油、糖和香辛料为原料熬制而成的特色调味品。成品呈棕红色，味浓汁稠，咸甜醇香，常用于凉拌菜、小吃面食的调味。具有改善菜品色泽、香味、口感、黏度等作用，是川味凉拌菜的灵魂。

11. 醪 糟

醪糟又称"酒酿"、"米酒"等，是在蒸熟后的糯米中加入酒曲，盖上盖在30℃的环境中经36小时发酵后制成的风味食品。其味香甜醇美，可直接食用，也可在菜肴制作中作为重要的调味料使用，如醪糟汤圆、醪糟鸡蛋等。

12. 豆腐乳

豆腐乳又称"腐乳"，是我国特有的一种豆腐发酵食物。其制作工艺，是先将小块的豆腐坯接种上毛霉或根霉，待其表面长出菌丝后，再加入红曲、醪糟等辅料经过长时间发酵而成。豆腐乳色泽淡黄，质地细滑松软，味鲜而有异香，是烹饪中极好的调味品。在制作粉蒸肉（排骨）的前期腌制中加入豆腐乳汁，可达到去腥增香的作用。

复制酱油的制作方法

将红糖用刀切细，并将所有香料用干净的纱布包好。少司锅加入少许清水，将酱油、香料包放入锅中，用中小火烧开，再将白糖、红糖缓缓加入，待糖完全溶化后改用小火慢慢熬制，待酱油的稠度较浓稠就可以了。

复制酱油的调制配方：单位（g）

原料	酱油	红糖	白糖	八角	桂皮	三奈	草果	花椒
用量	1000	200	100	3	3	3	3	2

1. Pixian Chili Bean Paste

Pixian Chili Bean Paste is one of the most important seasonings in cooking authentic Sichuan cuisine. It is considered "the Soul of Sichuan Cuisine". This red and lustrous paste is made by fermenting red chili peppers, salt and broad beans by means of traditional techniques. This chili bean paste is often used for getting the tasty look, flavoring stir-fried dishes and removing the unpleasant smell. It is a vital ingredient in Sichuan dishes like Twice-cooked Pork, Fish in Chili Bean Sauce and Mapo Tofu.

2. Sichuan Zhacai

Zhacai (preserved mustard tuber) is commonly known as "Baobao Cai"(baobao vegetable) or "Yangjiao Cai" (Sheep horn vegetable). The pickle is made from the knobby, fist-sized, swollen green stem of mustard. The stem is salted first, then pressed, and dried before being eaten. Due to its rich nourishment and crunchy, savory and delicious taste, it is often used as a side dish or seasoning for stir-fried dishes and soups.

3. Yibin Yacai

Yibin yacai (preserved mustard greens), once called "Xufu yacai", is made by the tender tips of mustard greens. It has the characteristics of being tender, lustrous, slightly sweet, salty, and savory. It is often used as stuffings or ingredients for such dishes as Stir-Fried Chopped Chicken with Yacai and Dry-Fried French Beans.

4. Sichuan Pickles

Sichuan Pickles mainly use fresh vegetables as ingredients to be pickled and fermented in special-made brine. Pickled ginger, pickled radish, pickled chili peppers and pickled mustard greens are typical products. Sichuan pickles have a salty-and-sour taste, tender and crispy texture. It can be eaten directly or served as a condiment. In Sichuan cuisine, it is common to use pickled chili peppers or pickled ginger to remove the unpleasant smell and enhance the tasty flavor when cooking smelly ingredients. Fish with Sichuan Pickles and Beef with Pickled Chili Peppers are both dishes cooked with Sichuan pickles.

5. Chili Peppers

Chili peppers, as the main seasoning in Sichuan cuisine, have many functions such as removing the unpleasant smell, adding the flavor and giving appetite. It is widely used in many famous traditional Sichuan dishes like Mapo Tofu, Diced Chicken in Chili Sauce and Gongbao Diced Chicken.

6. Sichuan Pepper

Sichuan pepper, with its strong aroma and tingling flavor, is widely used in Sichuan cuisine. It is not only used in hot pot, meat dishes like Boiled Beef in Chili Sauce, but also applied to dishes like Peanuts, Broad Beans and Eggplant Fritters with Sichuan Pepper Salt. Furthermore, the delicate combination of tingling and spicy flavor is a distinctive signature of Sichuan cuisine, such as Mapo Tofu.

7. Fermented Soy Beans

Fermented soy beans are mainly made with soaked and steamed soy beans mixed with a small amount of all-purpose flour, salt, soy sauce and aspergillus oryzae to ferment. In southern China, it can be eaten directly or applied to dishes like Fish with Fermented Soy Bean, Twice-Cooked Pork, Preserved Pork with Fermented Soy Bean, Northern-Sichuan-Style Pea Jelly.

8. Fermented Flour Paste

Fermented flour paste, also called sweet paste, is made with fermented flour. It tastes sweet and salty and has a peculiar fragrance. It is widely used in dishes like Sautéed Shredded Pork in Fermented Flour Paste, Quick-Fried Duck Tongue with Fermented Flour Paste. It can also be served as dipping sauce for scallion, cucumber and roasted duck.

9. Chili Oil

Chili oil is made by infusing the chili powder with heated vegetable oil. Sichuan pepper or sesame seeds can be added. Chili oil is the secret seasoning in many Sichuan dishes, especially in cold dishes. It is often used to flavor dishes like Diced Chicken in Chili Sauce or served as dipping sauce.

10. Sweet and Aromatic Soy Sauce

Sweet and aromatic soy sauce is made by braising a mixture of soy sauce, sugar and spices. This sauce features a dark red color, fragrant smell, salty and sweet taste. It is often used in cold dishes or noodles as the soul of the condiment to enhance the flavor and taste.

11. Glutinous Rice Wine

Glutinous rice wine is made with steamed glutinous rice and distiller's yeast fermenting in a sealed container at around 30℃ for 36 hours. It features fragrant smell and sweet taste, and can be eaten directly or used as a condiment in dishes, like Tangyuan (Sweet Rice Dumplings) in Fermented Glutinous Rice Soup, Boiled Egg in Fermented Glutinous Rice Soup.

12. Fermented Tofu

Fermented tofu is a unique fermented food in China. The making process is: put mucor on each small tofu cubes to wait till the mycelia appear, and then ferment with red yeast rice powder and glutinous rice wine enough time under an appropriate temperature. It is delicate, fragrant, tender and smooth. It can be used as a side dish or a perfect seasoning when making dishes like Steamed Pork (or Spareribs) with Rice Crumbs.

Method of Making Sweet and Aromatic Soy Sauce

Chop the brown sugar, and put all the spices in a spice bag. Add a little water, soy sauce and the spice bag in a sauce pan, heat over a medium-low heat and bring to a boil, add sugar and brown sugar gradually till the sugar melts, then simmer till the soy sauce becomes thick.

Ingredient Table for Sweet and Aromatic Soy Sauce: Unit (gram)

Ingredients	soy sauce	brown sugar	sugar	star aniseed	cinnamon	sand ginger	amomum tsaoko	Sichuan peppercorns
Quantity	1000	200	100	3	3	3	3	2

1. Pâte aux fèves et aux piments de Pixian

Pâte aux fèves et aux piments de Pixian est un des condiments les plus importants dans la cuisine authentique du Sichuan. Il est considéré comme « l'âme de la cuisine sichuannaise ». Cette pâte rouge et brune est fabriquée par fermentation de piments rouges, sel et de fèves, cela signifie des techniques traditionnelles, qui est souvent utilisée pour colorer les ingrédients, aromatiser les plats sautés et enlever l'odeur désagréable, c'est un ingrédient essentiel dans la cuisine du Sichuan comme Porc cuit deux fois, Poisson à la pâte aux fèves et Mapo Tofu.

2. Sichuan Zhacai-Tubercules de moutarde marinés du Sichuan

Zhacai (tubercules de moutarde marinés) est traditionnellement appelé « Baobao cai » (légumes baobao) ou « Yangjiao cai » (légume de la corne de mouton). C'est une tige de moutarde noueuse et avec la taille de poing. La tige est façonnée par processus comme saler, presser et sécher. Grâce à sa richesse de nourriture et son goût croustillant, savoureux et délicieux, surtout un goût spécialement exquis, salé et aigre, il est souvent utilisé pour servir aux plats d'accompagnement, aromatiser les plats sautés et les soupes.

3. Yibin Yacai-Tiges de moutarde marinées

Yibin Yacai (tiges de moutarde marinées), autrefois appelé « Xufu Yacai », est fait par le bourgeon tendre de moutarde comme ingrédient. Il est caractéristique de son goût tendre, brillant, légèrement sucré, salé et savoureux, et souvent utilisé pour les plats sautés ou farcis comme Poulet haché sauté au Yacai et Haricots verts frits-secs au bœuf haché.

4. Pickles du Sichuan

Les matières premières des pickles du Sichuan sont principalement des légumes de saison, qui sont marinés à saumure et fermentés. Le gingembre mariné, le radis mariné, les piments marinés et les légumes verts marinés sont des produits typiques. Pickles du Sichuan possèdent un goût salé et aigre, avec une texture tendre et croustillant. Ils peuvent être mangé directement ou servi comme condiment. Dans la cuisine du Sichuan, il faut généralement utiliser des piments marinés ou gingembre mariné pour enlever l'odeur désagréable et renforcer la saveur aromatique lors de la cuisson des ingrédients qui tiennent une odeur désagréable. Les plats communs sont: Poisson aux pickles, Bœuf aux pickles de piments, etc.

5. Piments rouges

Piments rouges est un ingrédient essential dans la cuisine sichuannaise, dont la fonction multiple est d'enlever l'odeur désagréable, d'aromatiser, de colorer et de donner l'appétit. Des nombreux plats célèbres comme Mapo Tofu, Dés de poulet aux piments rouges et au poivre du Sichuan, Lapin aux piments rouges et au poivre du Sichuan, et Poulet Gongbao.

6. Poivre du Sichuan

Poivre du Sichuan, avec son odeur fortement aromatique et la saveur piquante durable, est largement utilisé dans la cuisine sichuannaise. Il est principalement utilisé pour des plats de viande comme Bœuf poché dans la sauce de piments rouges, Fondue sichuannaise, mais est également adopté dans les plats salés et poivrés comme Cacahuètes salées-poivrées, Pois verts salés-poivrés et Petites galettes salées-poivrées. La fusion et l'application délicates de la saveur poivrée et épicée est la caractéristique la plus distinctive de la cuisine du Sichuan, tel que Mapo Tofu.

7. Graines de soja noir fermentées

Graines de soja fermentées sont fabriquées essentiellement avec graines de soja trempées, puis cuites à la vapeur et mélangées avec un peu de farine, du sel, de la sauce de soja et l'aspergillus oryzae à fermenter. Dans le sud du fleuve Yantze de la Chine, les graines de soja fermentées sont souvent utilisées comme assaisonnement, et aussi à manger directement. Les plats représentatifs sont: Poisson avec graines de soja fermentées, Porc cuit deux fois, Porc fumé aux graines de soja fermentées à la vapeur, Pâte de pois à la manière

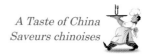

de Nord-Sichuan, Dés du lapin pimentés froids.

8. Pâte de farine fermentée

La pâte de farine fermentée, aussi appelé pâte sucrée, dont la matière première est la farine, est faite fermenté sous une certaine température avec aspergillus oryzae. Elle détient un goût sucré, salé, et un certain parfum de la pâte et de la fermentation. Ce condiment est largement utilisé dans des plats sautés et braisés comme Porc sauté avec la pâte de farine fermentée, Langue de canard sautée-rapide avec la pâte de farine fermentée, cela peut également être servi comme sauce à tremper pour l'échalote, le concombre et le canard laqué.

9. Huile de piment rouge

Huile infusée de flocons de piment rouge, généralement appelés huile de piment rouge, est faite en mettant les flocons de piment rouge dans l'huile végétale chauffée. Ça peut être aussi ajouté de poivre du Sichuan ou de graines de sésame pour renfoncer le goût. Huile infusée de flocons de piments est un assaisonnement secret dans de nombreux plats du Sichuan, en particulier dans les plats froids. Il est souvent utilisé pour parfumer et colorer les plats comme Dés de poulet à l'huile de piment rouge ou servis comme sauce à tremper.

10. Sauce de soja aromatique et douce

La sauce de soja confectionnée est faite par braiser un mélange de sauce soja, de sucre et d'épice.

Cette sauce caractérise d'une couleur rouge foncée, une odeur parfumée, une texture épaisse, et un goût salé et sucré. Ce condiment est souvent utilisé dans les plats froids ou des nouilles pour assaisonner, qui est l'âme surtout pour plats froids grâce à sa fonction d'améliorer la couleur, le parfum, le goût et l'épaisseur des plats.

11. Laozao-Jus de riz gluant fermenté

Laozao est fait avec du riz gluant, cuit à la vapeur puis mis dans la levure de vin, pour une fermentation de distillateur de moins de 30℃ pendant 36 heures. Il dispose d'une odeur parfumée et un goût doux, ça peut être mangé directement, ou aussi servi pour assaisonner les plats comme Tangyuan (petites boulettes de riz gluant) au jus de riz gluant fermenté, Œufs pochés au jus de riz gluant fermenté.

12. Tofu fermenté

Tofu fermenté, autrefois appelé « Fu ru », est un aliment spécial en Chine. Le processus de fabrication est d'abord, de couper le tofu en morceaux, mettre le mucor ou Rhizopus sur les morceaux et laisser-le pousser, puis ajouter la levure rouge de poudre de riz et le riz gluant fermenté dans une température appropriée. Tofu fermenté est délicat, parfumé, tendre et fondant dans la bouche, qui est un assaisonnement excellent. Quand on confectionne le plat Ventre de porc (ou côtes levées) à la vapeur avec chapelure de riz, le tofu fermenté est utilisé pour enlever l'odeur désagréable et renforcer la saveur aromatique.

Méthode de fabrication de la sauce de soja aromatique et douce

Hachez le sucre rouge, regroupez toutes les épices avec une mousseline propre. Ajoutez un peu d'eau ainsi que la sauce de soja et le paquet des épices dans une casserole, chauffez et bouillez les ingrédients à feu doux ou moyen, puis ajoutez lentement du sucre et du sucre rouge, dès que les sucres se fondent complètement, mijotez à feu faible jusqu'à la sauce devienne épaisse.

La recette de la sauce de soja aromatique et douce: unité (gramme)

Ingrédients	Sauce de soja	Sucre rouge	Sucre	Anis étoilé	Cannelle	Rhizoma Kaempferiae	Fructus Tsaoko	Poivre du Sichuan
Quantité	1000	200	100	3	3	3	3	2

Charming China, Authentic Taste

魅力中国

地道滋味

La Chine charmante, le goût authentique